Fluid Dynamics

만화로 쉽게 배우는 유체역학

저자 / 다케이 마사히로(武居昌宏)

BM (주)도서출판 성안당

日本 옴사 · 성안당 공동 출간

만화로 쉽게 배우는 **유체역학**

Original Japanese edition
Manga de Wakaru Ryutai Rikigaku
By Masahiro Takei and office sawa
Copyright ⓒ 2009 by Masahiro Takei and office sawa
Published by Ohmsha, Ltd.
This Korean Language edition co-published by Ohmsha, Ltd. and
Sung An Dang, Inc.
Copyright ⓒ 2011~2024
All rights reserved.

만화로 쉽게 배우는 유체역학 머리말

　물리학의 역학은 기계공학과, 토목공학과, 건축학과, 화학공학과 등 많은 대학의 공학계 학과에서 필수 과목으로 되어 있습니다. 그 중에서도 유체역학(일명 흐름의 역학 또는 수력학)은 수식도 매우 많고 눈으로 움직임을 확인할 수 없는 기체나 액체를 다루는 학문이기 때문에 꺼리기 쉽고 대단히 어려운 학문이라는 인상을 줄 수 있습니다.

　대학에서 유체역학을 가르친 지 8년쯤 지났는데 매년 유체역학을 전혀 이해하지 못한 학생들을 많이 만났습니다. 그리고 유체역학을 이해할 좋은 기회를 잃어버린 학생이 학문 자체를 단념해 버리는 것을 여러 차례 보아 왔습니다. 이런 경향은 매년 점점 더 심해지고 있다는 느낌이 듭니다. 그래서 유체역학을 쉽게 이해할 수 있는 좋은 기회를 제공할 교재나 책자가 있으면 이런 부정적 현상을 피할 수 있지 않을까 하는 생각을 했습니다.

　이 책은 유체역학을 이해할 기회를 잃은 학생이나 유체역학이라는 말을 처음 접하는 분께 유체역학의 본질을 충분히 이해시키기 위해 집필하였습니다. 얼마 전까지만 해도 학문을 만화로 배운다는 것에 거부감이 있는 분도 있었을 것입니다. 그러나 만화는 엄연한 현대 문화로서 한 가지 표현 매체로 확립되었습니다. 이 만화라는 표현 매체를 이용하여 유체역학을 이해할 계기를 제공하고 학습을 지원할 수 있으면 이 책의 목적은 충분히 달성되었다고 생각합니다. 편하게 이 책을 읽으면서 유체역학 학습을 시작할 수 있길 바랍니다.

　끝으로 일본대학 이공학부 기계학과 武居연구실의 趙桐 씨, 제작을 담당한 오피스 sawa, 그림을 담당한 만화가 松下 씨, 그리고 이 책을 집필할 기회를 주신 출판사 관계자 여러분의 협력에 이 자리를 빌려 깊이 감사드립니다.

Takei Masahiro(武居 昌宏)

차례 / contents

만화로 쉽게 배우는
유체역학

프롤로그
이거 예지몽? 오컬트 소녀와 유체역학 — 1

1 유체의 성질과 정역학

1. 고체와 유체 — 12
   - 아이스티 좀 드세요 — 12
2. 힘과 압력 — 17
   - 압력솥으로 요리하기 — 17

   심화학습
   - ▲힘의 평형식을 마스터하자 — 23
3. 밀도와 비중 — 25
   - 진한 라면의 비밀 — 25
4. 파스칼의 원리 — 28
   - 난 슈퍼맨? — 28
5. 압력 크기의 관계와 압력의 측정 — 31
   - 스쿠버 다이빙 데려가 줘 — 31

   심화학습
   - ▲Δp와 Δ의 의미 — 35
   - ▲속도와 가속도 — 36
   - ▲마노미터 — 37
6. 평면벽에 작용하는 전압력 — 39
   - 수족관에서 — 39
7. 부력 — 42
   - 왜 배는 안 가라앉는 걸까? — 42

2 흐름의 기본식

1. 유체역학 용어 — 50
   - 변하지 말고 있어줘(정상류와 비정상류) — 52
   - 속도도 방향도 함께야(일방향류와 비일방향류) — 53

- 유체입자군의 등장(유속과 유량) 55
- 추적할까? 숨어서 볼까?(라그랑주의 방법과 오일러의 방법) 56
- 이런 저런 선들(유선·유적선·유관) 58
- 물놀이에서 배운 것(유체에 작용하는 힘) 60
- 트럼프를 밀어 보아요(전단력) 63

2. 연속의 식 66
- 행방불명되진 않아!(질량보존법칙) 66

   심화학습
   ▲ 연속의 식 70

3. 베르누이의 정리 71
- 롤러코스터를 타자!(물체의 에너지보존법칙) 71
- 유선을 따라 여행하자
  (유체의 에너지보존법칙 베르누이의 정리) 72

   심화학습
   ▲ 에너지 단위 75
- 호스를 밟아보자!(유속과 압력의 관계) 76

4. 운동량 보존 법칙 80
- 밸런스 볼 놀이(운동량보존법칙) 80
  - 밸런스 볼을 이용한 운동량보존법칙의 이해 81
  - 외부에서 힘을 가해봐(충격량) 83
- 비밀의 방에서…(유체의 운동량보존법칙) 86

3. 층류와 난류

1. 점성이 있는 유체 96
- 걸쭉해? 산뜻해?(점성) 98
- 흐름을 방해하는 얄미운 녀석!(점성력) 99
  - 가속했다가 감속했다가(점성력의 구조) 100
  - 그저 환상인가?(이상 유체와 점성 유체) 104
- 속도 기울기가 뭐지?(뉴턴의 점성법칙) 106
- 얼마큼 걸쭉해?(점도와 동점도) 110
- 흐름의 특징을 나타내는 대법칙(레이놀즈수) 111

2. 층류와 난류 113
- 연기를 바라보며(층류와 난류) 113
- 잉크를 흘려보자(레이놀즈의 실험) 115
- 흩어져 버렸어(난류의 특징) 116

3. 관 속의 층류 117
- 빨대 속의 흐름(평균 속도와 유속 분포) 117
  - 식을 꼼꼼히 보자(포물선 분포를 취하는 흐름) 120
- 불가사의한 힘의 정체는?(압력차) 122
- 벌컥 벌컥 마시고 싶어!(점도와 유량의 관계) 126
- 셰이크는 무사히 먹을 수 있는 건가?(확장된 베르누이의 식) 128
  심화학습
  ▲ 꼬불꼬불한 관의 압력손실 134
  ▲ 목욕탕에 남은 물과 아라비아 해의 석유? 138

4 항력과 양력

1. 물체에 작용하는 항력과 양력 140
   - 새나 비행기는 어떻게 하늘을 나는 걸까?(양력) 143
   - 요트는 어떻게 바람을 탈까?(양력의 이용) 146
   - 날개와 돛의 공통점은 무엇일까?(유선곡률의 정리) 149
   - 스푼 괴기현상?(양력의 실험) 153
   - 헤엄치다 지쳤어(항력) 155
   - 골치 아픈 딜레마(항력계수와 양력계수) 157
   - 속도가 떨어진다(받음각, 박리) 161
2. 회전하는 물체에 작용하는 힘 163
   - 커브볼은 왜 휘어지는거지? 투구 163
     투구 다이제스트 -그 때 공이 휘었다 167
3. 흐름의 박리 172
   - 반들반들하지 않고 울퉁불퉁해?(공기저항의 감소) 172
     - 작은 세계에서의 무서운 사건!(박리) 174

7개월 뒤 182
참고문헌 193
찾아보기 194

만화로 쉽게 배우는 유체역학

프롤로그

이거 예지몽?
오컬트 소녀와 유체역학

끼익~

그래요.
공기는 **기체**, 물은 **액체**잖아요?

그 기체와 액체를 통틀어서

'유체' 라고 하는 거예요.

그렇구나…
쉽게 접하는 것이긴 하구나…
유체란 거 그다지 어려운 것도 아니네~

유체…

그렇죠

공기가 **흘러서(流)** 바람이 불고,

물도 자유자재로 **흐르니까요(流)**.

음음

즉…

만화로 배우는 쉽게 유체역학

제1장
유체의 성질과 정역학

1. 고체와 유체

아이스티 좀 드세요

헉!

여기서 유체역학 공부를 하는 거야?!

배운다기보다 익숙해진다는 거야.

운 좋게 사용허가가 나기도 했구요.

연구부 방에 써 놓은 거 봤을 때는 이건 뭐하는 건가…했다구~

조리실에서 기다릴게요!

!?

아하하 갑자기 그래서 미안해요.

그럼 바로 시작할까요?

헤에~ 느낌이 좋군~!

2. 힘과 압력

압력솥으로 요리하기

차슈를 만들기 위해서 이 압력솥을 사용할 거에요.

이걸 쓰면 조리시간이 3분의 1로 단축되거든요.

그….그렇게나 단축되는 거야? 마술이라도 쓰는 건가…

어떻게 생각해요, 정연 선배?

그건 아니라고만 해두지

다음으로 푹 끓이기만 하면 차슈가 완성돼요.

완전 빨라!!!

압력솥은 문자 그대로 '**압력**' 과 깊은 연관이 있는데

보통 우리가 받고 있는 대기압은 1기압인데,

거기에 비해서 밀폐된 용기를 가열해서 압력이 높아진 이 솥 안은 2기압 정도가 돼요.

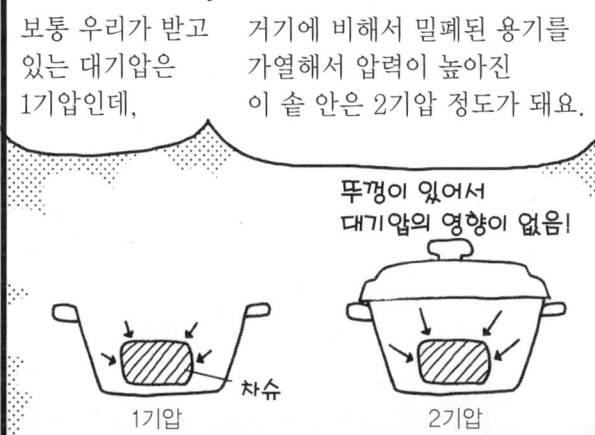

뚜껑이 있어서 대기압의 영향이 없음!

1기압 / 2기압 / 차슈

2기압에서는 물의 끓는 점이 100℃가 아니라 120℃까지 올라간대.

이런 고온 상태 덕분에 조리시간을 짧게 할 수 있는 거지.

오오—

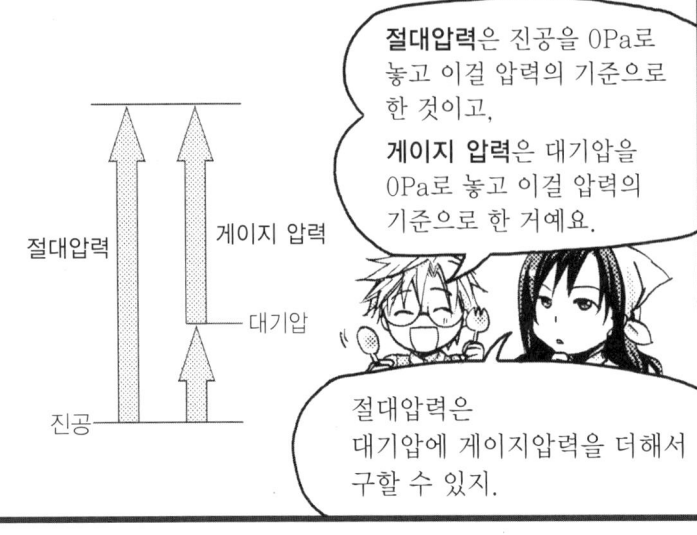

심화학습

힘의 평형식을 마스터하자

엄밀히 말해, 운동하고 있는 물체에 대해서만 운동방정식 $F=mg$가 성립합니다.

미주가 압력솥을 들고 있고 압력솥이 정지해 있을 때는 '평형식'이라고 하며 **'운동방정식'** 과는 다릅니다. 이들의 차이를 확실히 알아둡시다!

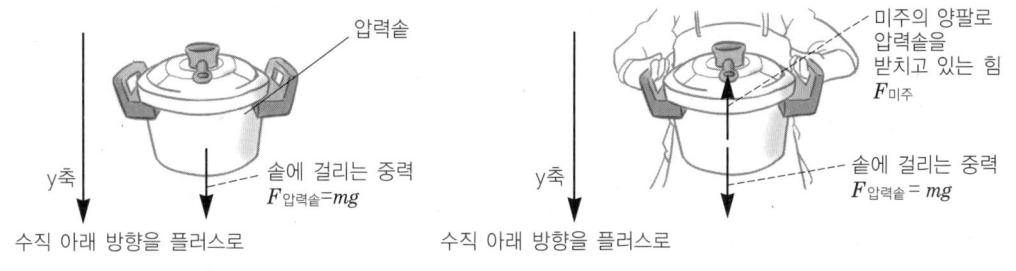

그림 A-1. 압력솥이 낙하할 때의 힘   그림 A-2. 압력솥이 정지했을 때의 힘

그림 A-1과 같이 만일 미주가 압력솥을 떨어뜨렸다면 어떻게 될까요? 압력솥에 걸리는 중력 $F_{압력솥}$에 의해 낙하해서 시간이 지나면 바닥에 부딪힐 겁니다. 이 중력 $F_{압력솥}$이 mg와 같아지고 압력솥이 운동하고 있는 상태를 나타내는 식이 **'운동방정식'** 입니다. 여기서 수직 아래 방향을 y축 방향의 플러스(+)로 놓으면, 이 중력은 y축의 +방향으로 걸리는 힘입니다.

다음으로 그림 A-2와 같이 미주가 중력 $F_{미주}$만큼 압력솥을 받치고 있어서 압력솥이 정지하고 있는 경우를 생각해보겠습니다. 이렇게 정지해 있는 상태를 나타내는 식이 **'평형식'** 입니다.

다음은 이 평형식을 세우는 법에 대해 알아보겠습니다.

● 평형식을 세우는 법

제1단계 : 그림 A-2처럼 모든 힘을 화살표로 그림에 그려 넣습니다.

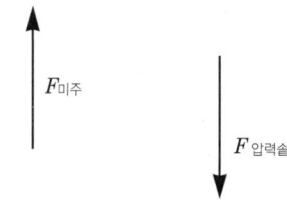

제1장···유체의 성질과 정역학   **23**

제2단계 : 플러스(+) 방향을 정합니다. 이번에는 수직 아래 방향을 플러스로 놓았습니다. 반대로 해도 상관없습니다.

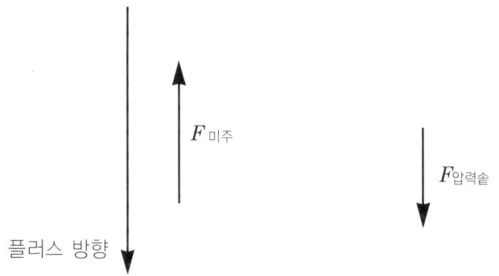

제3단계 : 플러스와 마이너스를 고려해서 힘은 모두 좌변으로 정리합니다.

$-F_{미주} + F_{압력솥}$

제4단계 : 평형 상태이기 때문에 우변을 0으로 놓습니다. 즉, 모든 힘은 평형을 이루고 있어 $\Sigma F=0$이라는 의미입니다. 여기서, Σ('시그마'라고 읽습니다)는 다음의 F 요소를 모두 더한다는 의미를 가진 수학 기호입니다.

$-F_{미주} + F_{압력솥} = 0$

참고로, 운동하고 있는 물체를 표시하는 '운동방정식'은 위의 제4단계에 있는 우변에 질량 m × 가속도 g 또는 a로 나타냅니다. 즉,

$\Sigma F = mg$ 입니다.

그러면 한 번 더 그림 A-2에서 압력솥이 정지해 있을 때의 힘에 대해서 생각해보겠습니다. 여기서 주의해야 할 점은 미주의 양손으로 압력솥을 받치고 있는 힘 $F_{미주}$는 어디까지나 방금 전 제 3단계의 식

$-F_{미주} + F_{압력솥} = 0$ 에서
$F_{미주} = F_{압력솥}$ 이 됩니다.

그리고 압력솥에 걸리는 중력은 운동방정식에 의해 $F_{압력솥}=mg$가 되어 결론적으로

$F_{미주}=mg$ 가 됩니다.

정리하면 $F_{미주}$는 직접적이 아니라 어디까지나 간접적인 방법으로 mg로 나타낸다는 것에 주의해야 합니다.

3. 밀도와 비중

진한 라면의 비밀

음음! 맛있당~!

챠슈도 부드럽네~

챠슈가 진한 국물에 딱이구나!

국물 얘기가 나왔으니 문제 하나 낼게.

왜 표면에 있는 기름은 국물이랑 섞이지 않는 걸까요?

그러고 보니 물과 기름은 사이가 안 좋지…

전생의 악연?

'밀도' 차이야. 멍청아…

밀도란 **단위부피(1m³) 당 질량**을 말하는 거야.

밀도는 물질에 따라 다른 값을 가지고, 밀도가 작은 것은 밀도가 큰 것 위에 뜨니까…

후우~

기름이 물보다 밀도가 낮다는 게 되지.

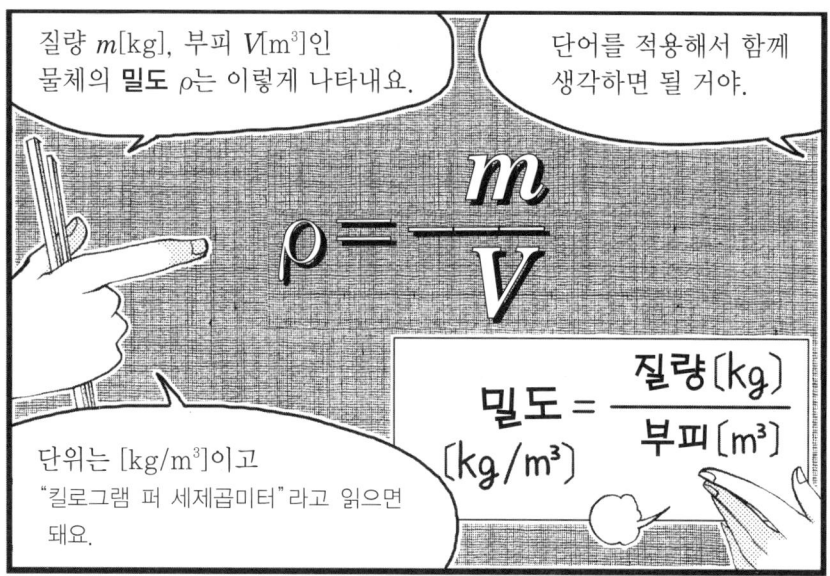

4. 파스칼의 원리

난 슈퍼맨?

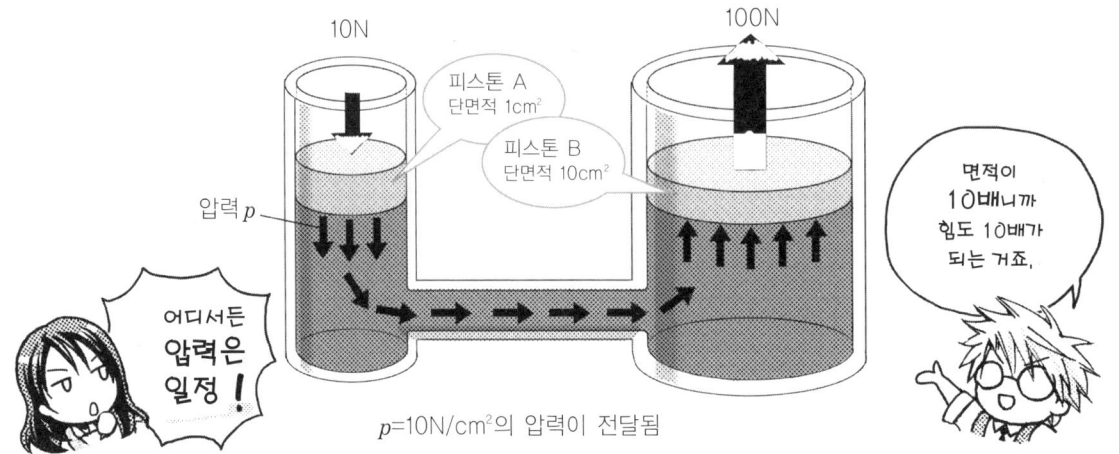

그림처럼 관을 준비해서 물을 부으면 두 개의 수면이 생깁니다.
오른쪽에 있는 용기 B의 수면의 면적은 왼쪽 용기 A의 수면의 10배입니다.
왼쪽에 있는 피스톤 A에 크기 10N의 힘을 가하면, 수면에 압력 p가 가해집니다.
파스칼의 원리에 따라 압력 p는 액체 전체에 전달되기 때문에 오른쪽에 있는 수면에도 압력 p가 걸리게 됩니다.
여기서 오른쪽에 있는 용기 B의 수면의 면적은 A의 10배이기 때문에 피스톤 B가 받는 힘(압력×면적)은 피스톤 A에 걸리는 힘의 10배인 100N이 됩니다.

여기서 중요한 건 10N의 힘을 100N으로 만들었다는 거예요.

힘을 10배로 늘렸다는 거네!

굉장하다~! 마법 같아!

이 원리를 응용한 것이 아까 말한 유압 기중기예요.

이 원리에 의해 미주도 자동차를 한 손으로 들어 올릴 수 있다… 는 얘기죠.

으샤! 으샤!

파스칼 덕분에 나도 **슈퍼맨**이 되는 거구나!

5. 압력 크기의 관계와 압력의 측정

스쿠버 다이빙 데려가 줘

어쩐지 이렇게 파스칼의 원리 등을 배우고 있으니까 공부하는 것 같은 느낌이 들어서 좋네요~

연구부다운 활동이랄까?

그러니까 다음에는 캠핑가요. 선배!

지금이야말로 오컬트연구부로서 움직일 때라구요!

기특하구나. 미주 필기까지 하고···

펄럭

얘 좀 봐, 금방 또 이런다니까···!
우리는 물리연구부라고 몇 번을 말하니!

이제 겨우 물리연구부 다워지려는 참이었건만,

그래도~ 다 같이 캠핑가고 싶은 거 아니야?

그럼 선배! 미주야!

이런 건 어때요?

두 사람의 의견을 합쳐서

캠핑간 걸로 치죠!

바다

남쪽의···

※이퀄라이징 : 스쿠버다이빙에서 수압과 내이의 압력을 맞춰주는 작업

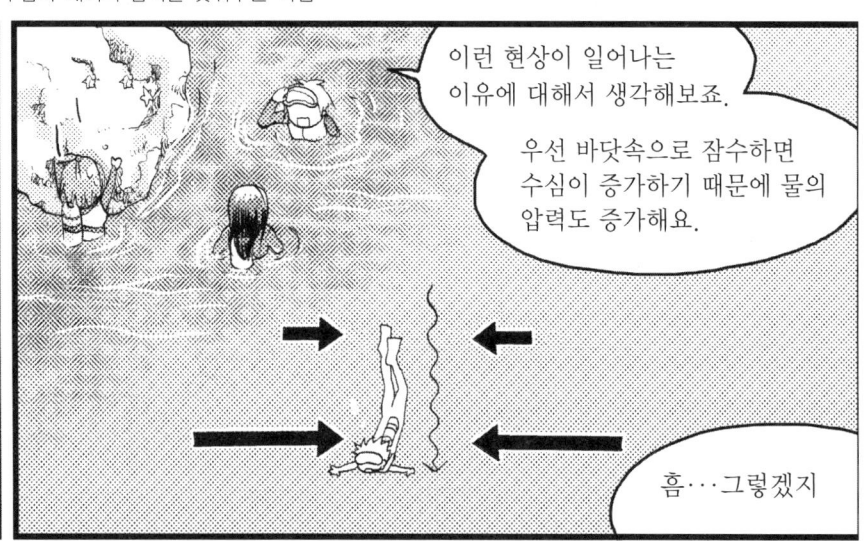

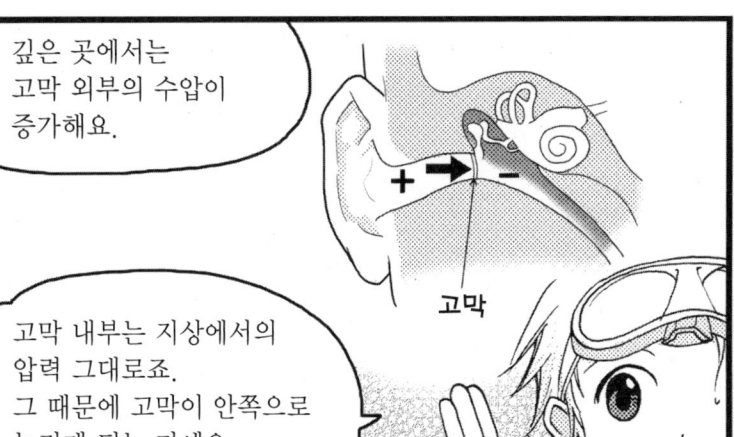

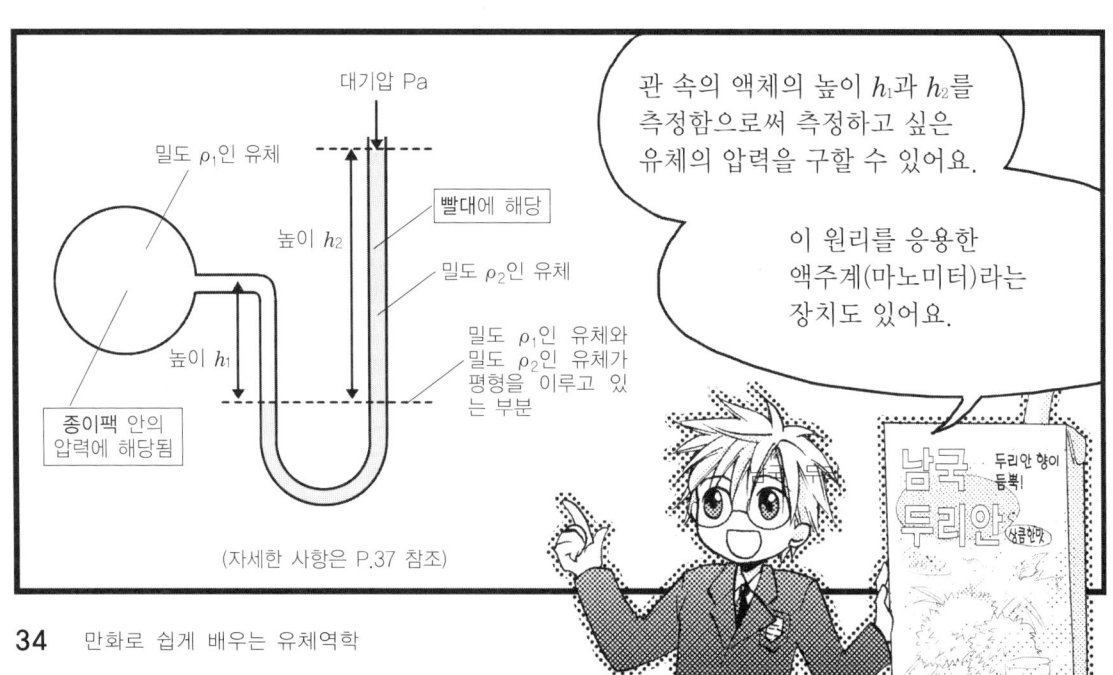

심화학습

Δp와 Δ의 의미

Δp('델타 피'라고 읽음)의 Δ에는 두 가지 의미가 있습니다. **'차이'**라는 의미와 **'조금'**이 그것입니다.

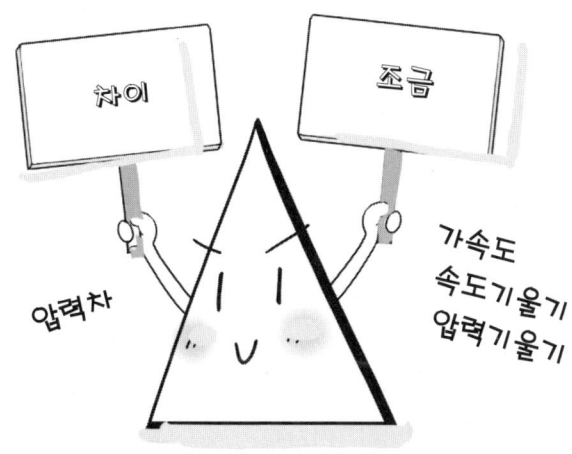

P.33의 Δ는 지상에서의 압력을 기준으로 한 '차이'의 의미로 사용되고 있습니다.

한편 '조금'이라는 의미로 쓰이는 경우, 다음 해설 '속도와 가속도'의 설명이나 3장의 P.107의 속도기울기, P.120이나 P.127에 나오는 압력기울기의 미분을 의미하는 d와 같은 의미입니다.

여기서 왜 '조금'일 때만 따지고 '많이'일 때는 따지면 안 되는가를 설명하겠습니다. 예를 들어 지금 자신이 있는 장소의 압력을 알고 있어도 100km 앞의 장소의 압력은 알 수 없기 때문입니다. 그 지역은 태풍이 오고 있을지도 모르고, 압력이 크게 변하고 있을 가능성도 있지요. 그래서 '조금' 앞, 예를 들면 1mm 앞이라면 '조금' 만 압력이 변한다고 생각하는 것입니다.

제1장···유체의 성질과 정역학

속도와 가속도

P.20의 운동방정식에서 가속도가 나왔기 때문에 **속도**와 **가속도**에 대해서 자세하게 설명해 두도록 합시다. '**속도**'란 단위시간 당(1초 당 이라고 생각하면 됨) 진행하는 거리를 말합니다.

물체가 Δt[s] (이 Δ는 '조금'이라는 의미임) 사이에 Δx[m] 움직이면 속도 u[m/sec]는 $u = \frac{\Delta x}{\Delta t}$가 됩니다.

일반적으로 t나 x 등의 양에 관련된 기호와 구별하기 위해서 단위는 [ ] 안에 기재합니다. sec는 second의 약자로 '초'를 의미하며 m은 '미터'를 의미합니다.

속도의 단위는 [m/sec](미터 퍼 세크)가 됩니다.

여기서 Δ를 d라는 **미분** 기호를 사용해서 나타내도록 하겠습니다.
여기서는 Δ '조금'과 '미분'은 같은 의미라고 생각해 주세요.
그러면 속도 $u = \frac{\Delta x}{\Delta t}$는 에서 $u = \frac{dx}{dt}$ 가 됩니다.

참고로, 속도는 어느 쪽을 향해서(방향) 어느 정도로 빠르게(크기) 이동하는지를 나타내고 있기 때문에 크기와 방향을 가진 벡터량입니다. **벡터량**은 스칼라량과 한 눈에 구별하기 위해 **두꺼운 글씨**로 나타내는 것이 일반적입니다.

또, **속도가 단위시간 당 어느 정도 변화했는지**를 나타내는 물리량을 '**가속도**'라고 합니다.

가속도는 속도 u를 시간 t로 미분한 물리량이기 때문에 가속도 a[m/sec²]는
$a = \frac{du}{dt} = \frac{d^2x}{dt^2}$로 표현할 수 있습니다.

즉, 가속도는 위치 x를 시간 t로 두 번 미분한 값이 됩니다.
가속도의 단위는 [m/sec²](미터 퍼 세크 제곱)입니다.

마노미터

아까 용기 내부의 압력을 측정하는 장치를 마노미터라고 한다고 했습니다. 여기서는 **어떻게 관 속 액체의 높이로부터 용기 속의 압력을 알아낼 수 있는지**에 관해서 설명하겠습니다.

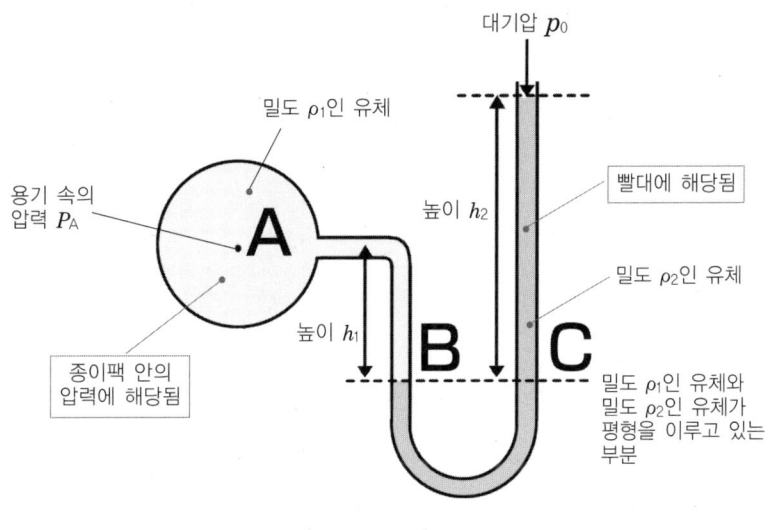

그림 A-3. 마노미터의 원리

그림 A-3에 나타낸 것처럼 압력을 측정하고자 하는 밀도 ρ_1인 유체가 들어 있는 용기에, 밀도 ρ_2인 유체를 넣어 U자 모양을 한 관에 접촉시킵니다. U자관의 끝부분은 대기압 p_0 중에 개방되어 있습니다. 이 상태를 유지한 채로 용기 내 A점의 압력 p_A를 구합니다.

p_A는 p_0보다도 압력이 높기 때문에, 용기 속의 ρ_1인 유체는 U자관 속의 B점까지 흘러들어가고 ρ_2인 유체는 U자관의 오른쪽 관을 타고 올라가다가 힘이 평형을 이루는 점에서 정지합니다.

그림의 B점에 걸리는 압력을 생각해보면, 관 속 A점의 압력 p_A, 그리고 밀도가 ρ_1인 유체의 높이 h_1에 해당하는 압력 $\rho_1 g h_1$이 아래 방향으로 걸립니다. B점에서는 위 방향으로 작용하는 압력 p_B가 걸려있어 유체가 정지하게 됩니다.

압력은 단위면적 당 힘이기 때문에 P.23의 문장 해설에서 기술한 힘의 평형식을 세워보겠습니다.

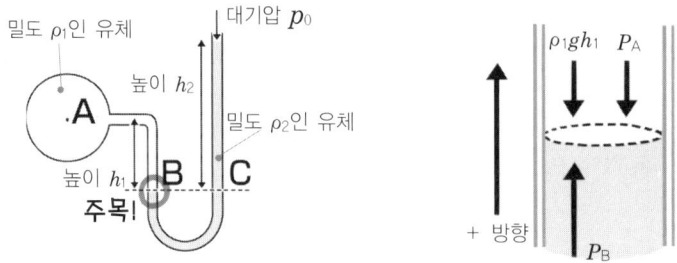

그림 A-4 B점에서의 힘의 평형

위 방향을 +로 놓으면 그림 A-4에 나타낸 것처럼 B점에 걸리는 압력 p_B, $-\rho_1 gh_1$, $-p_A$가 평형을 이룹니다. 그 평형식은

$$p_B - \rho_1 gh_1 - p_A = 0$$
$$\therefore p_B = \rho_1 gh_1 + p_A \tag{1.1}$$

이 됩니다.

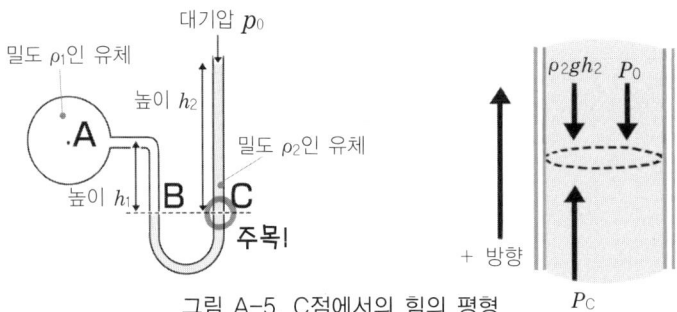

그림 A-5. C점에서의 힘의 평형

또한, 그림 A-5와 같이 B점과 같은 높이에서 오른쪽의 관의 C점에서는 대기압 p_0, 그리고 밀도 ρ_2인 액체의 높이 h_2에 해당하는 압력 $\rho_2 gh_2$가 아래 방향으로 걸립니다.

이 C점에서는 위 방향으로 작용하는 압력 p_C가 걸려 있어서 유체가 정지하게 됩니다.

따라서 C점에 걸리는 압력의 평형식은

$$p_C - \rho_2 gh_2 - p_0 = 0$$
$$\therefore p_C = \rho_2 gh_2 + p_0 \tag{1.2}$$

이 됩니다. 여기서 B점과 C점에서 높이가 같기 때문에 압력도 같아 $P_B = P_C$입니다.

따라서 식(1.1)과 식(1.2)은 같기 때문에 A점에서의 **절대 압력**은

$$p_A = \rho_2 gh_2 + p_0 - \rho_1 gh_1$$
$$= g(\rho_2 h_2 - \rho_1 h_1) + p_0 \tag{1.3}$$

또, A점에서의 **게이지 압력**은 식(1.3)의 우변에 p_0을 좌변으로 이항해서

$$p_A - p_0 = g(\rho_2 h_2 - \rho_1 h_1) \tag{1.4}$$

위와 같이 나타낼 수 있습니다.

6. 평면벽에 작용하는 전압력

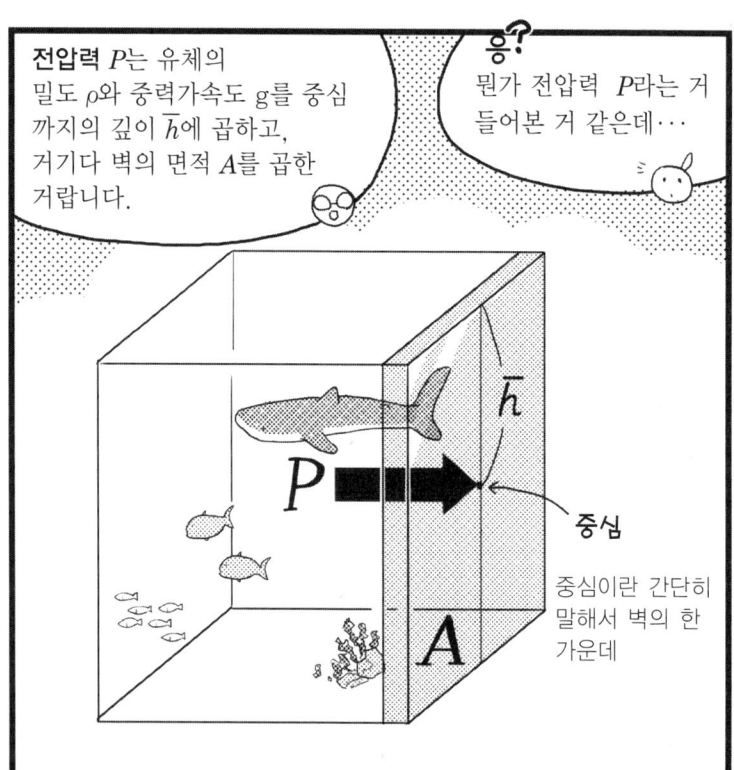

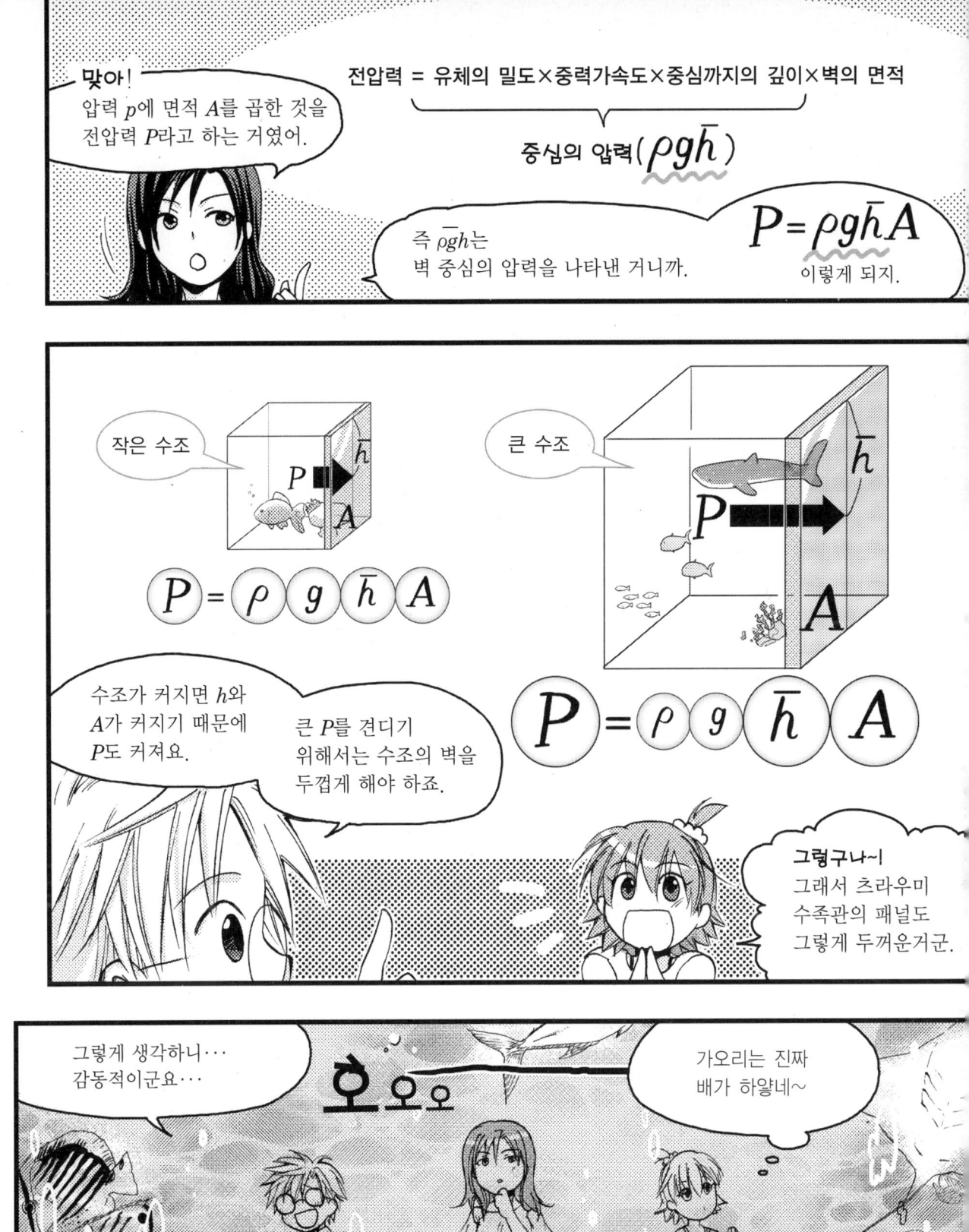

7. 부력

만화로 쉽게 배우는 유체역학

제2장
흐름의 기본식

1. 유체역학 용어

※ 나가시소면: 대나무를 이용해서 시냇물처럼 흐르는 물에 떠다니는 소면을 건져 먹는 일본의 여름철 전통 놀이

변하지 말고 있어줘
(정상류와 비정상류)

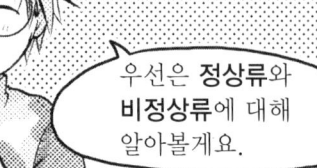

우선은 **정상류**와 **비정상류**에 대해 알아볼게요.

물탱크? 일부러 그거 쓰는 거야?

수도와 비교해서 설명하기 쉽거든요.

수도는 수도꼭지를 틀어서 물이 흐르면 시간이 지나도 물의 속도는 변화하지 않고 계속 흐르죠.

이렇게 속도가 시간에 대해 변하지 않는 흐름을 '정상류'라고 해요.

속도 u = 일정

※이후 주류 방향의 속도를 u로 나타냄.

한 편, 이 물탱크 같은 경우는 시간이 지나면서 물탱크 내부의 수위가 내려가고 그에 따라 꼭지에서 나오는 물의 속도가 점점 느려지죠.

이렇게 속도가 시간에 따라 변화하는 흐름을 '비정상류'라고 해요.

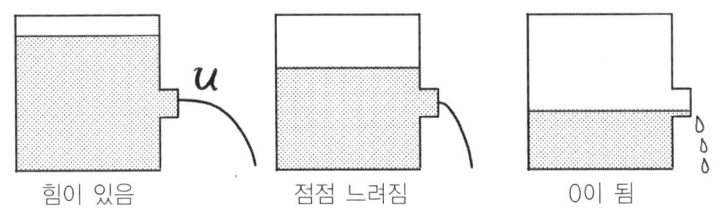

힘이 있음 / 점점 느려짐 / 0이 됨

미주야! 물 계속 틀어 놓을거야!

죄송해요오~

미주네 집은 대체

수도에서 나오는 물은 정상류, 물탱크에서 나오는 물은 비정상류인가? 그러고 보니 수도꼭지 잠그는 걸 깜빡해 자주 혼났지…

속도도 방향도 함께야
(일방향류와 비일방향류)

다음은 수도에서 대나무 유관까지 물을 흘려보내 볼게요.

이 대나무 유관을 흐르고 있는 물은 이 흐름의 하류 어느 곳에서도 같은 속도로 흐른다고 해요.

대나무 유관의 폭 중심에 원점 O를 찍고 흐르는 방향을 x방향, 그 수직 방향을 y방향으로 놓아요.

※1. 엄밀히 말하면 극히 작은 v가 존재합니다만, 여기서는 무시하겠습니다.

x방향의 속도 u는 있지만 y방향의 속도 v는 존재하지 않아요.※1

어떤 일정 방향 이외의 속도 성분은 0이라고 할 수 있죠.

이렇게 같은 방향의 흐름을 '**일방향류**'라고 해요.

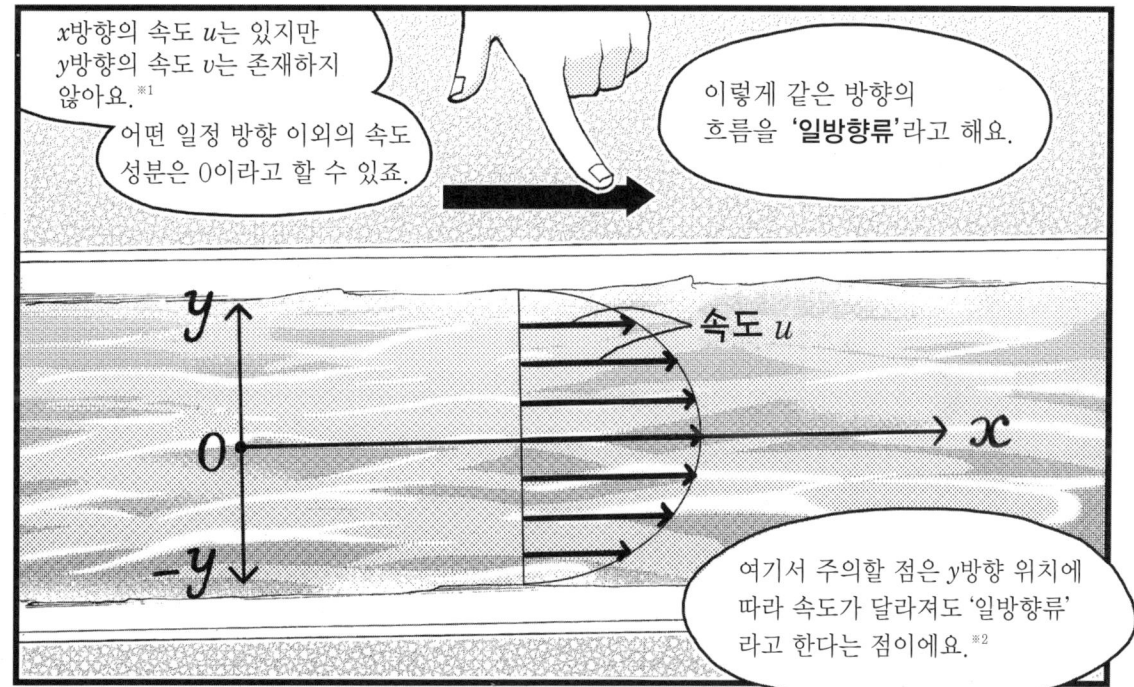

여기서 주의할 점은 y방향 위치에 따라 속도가 달라져도 '일방향류' 라고 한다는 점이에요.※2

※2 왜 y축 방향의 위치에 따라 속도가 달라지는지는 p.107에서 자세히 설명하겠습니다.

그에 비해서 속도 u와 동시에 y방향의 속도 v가 존재하는 흐름을 '**비일방향류**' 라고 해요.

y방향의 흐름?

네. 이렇게 장애물로 반죽용 밀대를 놓아 보면,

유체입자군의 등장
(유속과 유량)

다음은 유속과 유량에 대해서 이야기할게요. 우선은 물이 이 유체입자군으로 되어있다고 상상해 보세요.

안녕...

물도 다수의 물 분자로 되어 있고 하니까...

귀엽다...

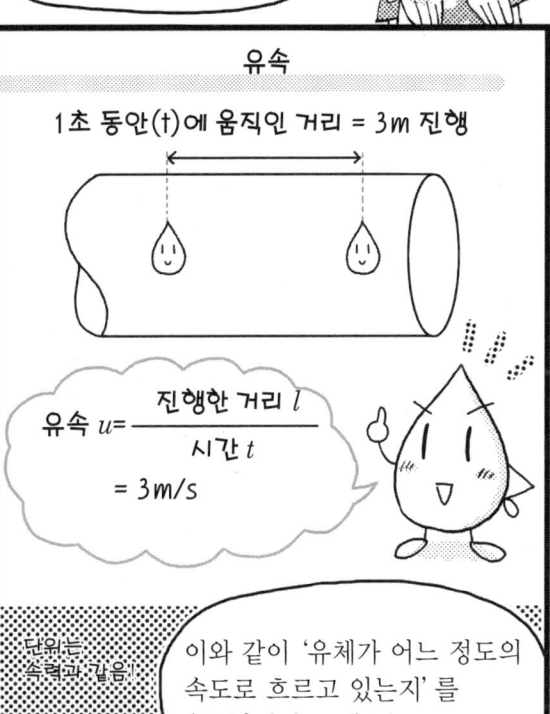

유속

1초 동안(t)에 움직인 거리 = 3m 진행

유속 $u = \dfrac{\text{진행한 거리 } l}{\text{시간 } t}$ = 3m/s

단위는 속력과 같음.

[m/s]

이와 같이 '유체가 어느 정도의 속도로 흐르고 있는지'를 '**유속**'이라고 해요.

주의할 점은 **유속**은 벡터량이고 **속력**은 스칼라량이라는 거예요.

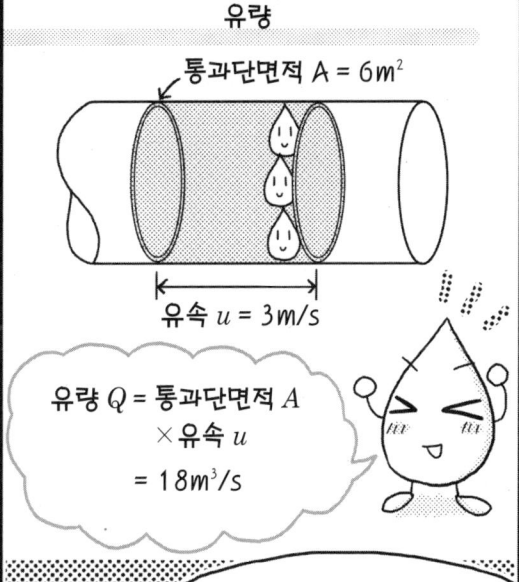

유량

통과단면적 $A = 6m^2$

유속 $u = 3m/s$

유량 Q = 통과단면적 A × 유속 u = $18m^3/s$

단위는 속력과 비슷.

[m³/s]

그리고 '단위시간 당 유로의 단면을 통과하는 유체의 부피'를 '**유량**'이라고 해요.

아아, 그렇군. 알았어.

역학	속도	부피	질량
유체역학	**유속** =유체의 속도	**유량** =단위시간 당 부피	**밀도**※ =단위부피 당 질량

※ 유체의 질량을 생각할 경우에는, 밀도를 사용합니다. P.73에서 설명하겠습니다.

역학과 유체역학에 대해서 정리하면 이렇게 되지.

그렇죠

추적할까? 숨어서 볼까?(라그랑주의 방법과 오일러의 방법)

 자 여기서 유체의 흐름을 관측하는 두 가지 방법을 소개할게요.
라그랑주의 방법과 **오일러의 방법**이 있어요.
유체의 흐름을 관측하기 위해서는 유체입자군을 관측해야 해요.
유체입자군을 어떻게 관측할까, 그 차이를 봅시다!

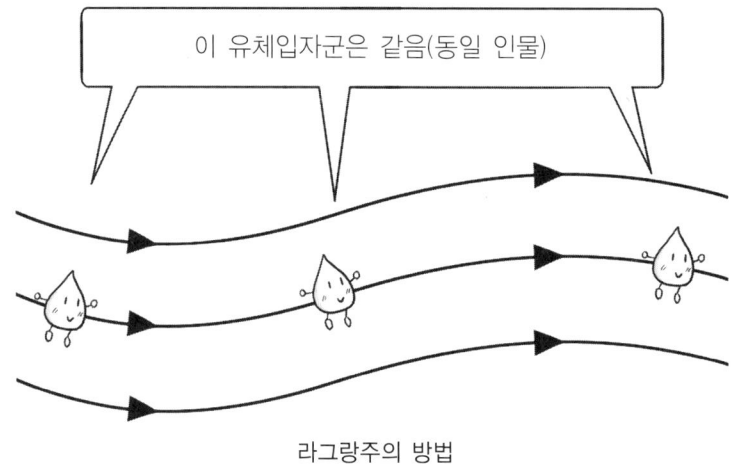

라그랑주의 방법

 '**라그랑주의 방법**'은 어떤 한 명의 유체입자군을 계속 추적하면서 관측하는 방법이에요.

 윽, 무서운 스토커 같아!

 아니, 그렇게 생각하는 건 좀….

 이해하기 쉽게 예를 들자면, 어떤 한 명의 마라톤 선수를 하나 정해서 함께 계속 뛰면서 관찰하는 것이겠지?

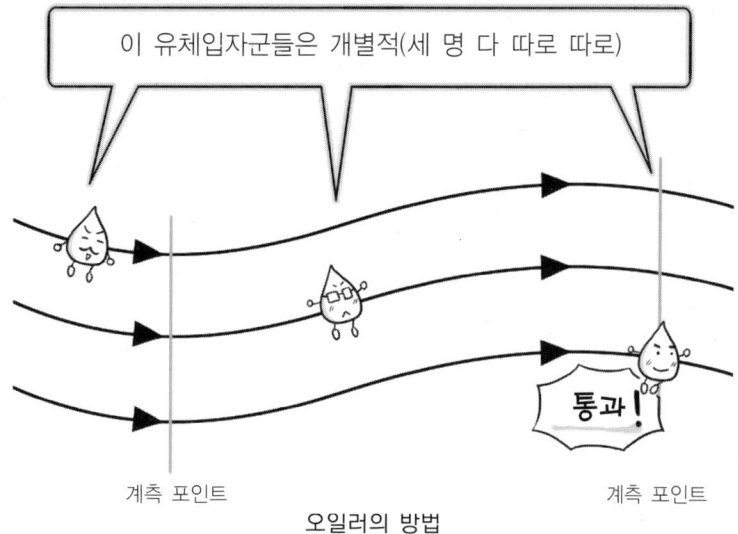

오일러의 방법

 한편 **'오일러의 방법'**은 어떤 일정한 장소에서 계속 관측하면서 그 곳을 통과하는 유체입자군을 측정하는 방법이에요.

 으…숨어서 지나가는 사람들을 빤히 쳐다보는거네.

 그 예는 어떻게 안 될까요?

 흠, 마라톤 선수의 상태를 일정 장소에서 관찰하는 것과 비슷하겠군.

유체입자군과 친해진 김에 '**유선**', '**유적선**', '**유관**'에 대해서도 이야기해 보죠. 우선은 잠깐 눈을 감아 주세요.

유체입자군은 흘러 움직이고 있어요.
눈을 확 뜬 순간 5명의 유체입자 군, A군~E군이 이런 식으로 공간에 존재하고 화살표 방향을 따라서 이동하려고 하고 있어요.

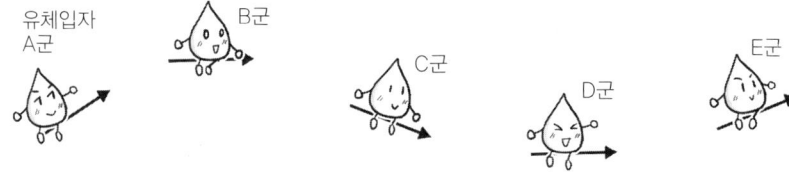

이 유체입자군의 화살표를 부드럽게 이어 봅시다.

으음… 이렇게 되나?

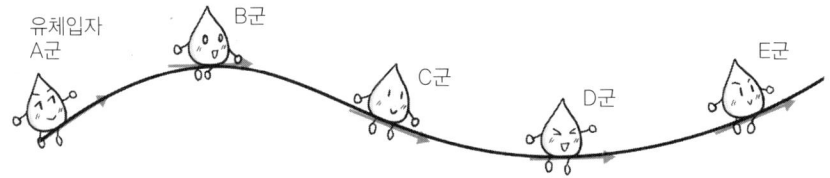

그래요. 엄~청 간단하게 말하면, 이 이어진 선이 '**유선**'이에요.
A군과 B군 사이의 흐름이나 전체 흐름 등을 연상하기 쉬우니 이해가 잘 되죠.

흠, 그러니까 속도 벡터가 접선이 되도록 곡선을 그려 나가면 그게 유선이 된다는 건가?

자, 여기서 유선과 혼동하기 쉬운 것이 **'유적선'**이에요.
아까 라그랑주의 방법처럼 한 명의 유체입자군을 시간에 따라 추적해볼게요. 그걸 이은 것이 유적선이에요.

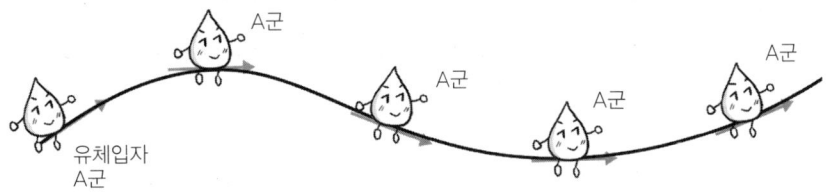

 그러니까 A군만 스토킹해서 만든 선이라는 거네~

 흐름이 정상적일 때는 유선과 유적선은 일치하지만 비정상적일 때는 일치하지 않아요.

 또, 아까 유선(유적선이 아닙니다)을 적당한 수만큼 엮은 가상의 관을 **'유관'**이라고 해요. 유선은 서로 교차하지 않아요.

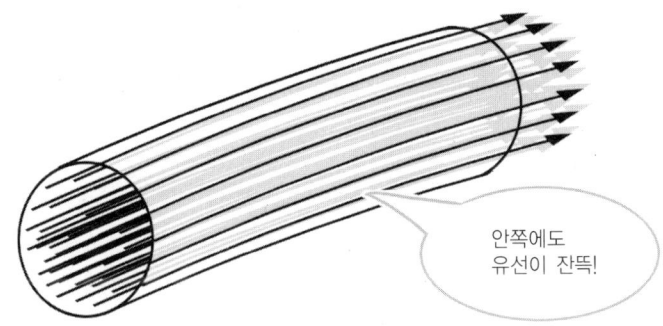

안쪽에도 유선이 잔뜩!

 유선, 유적선, 유관… 각각 다 다른 말이구나.

 특히 **유선**은 이 후에 몇 번이고 나올테니 확실히 기억해 두세요!

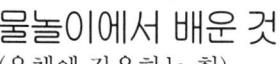

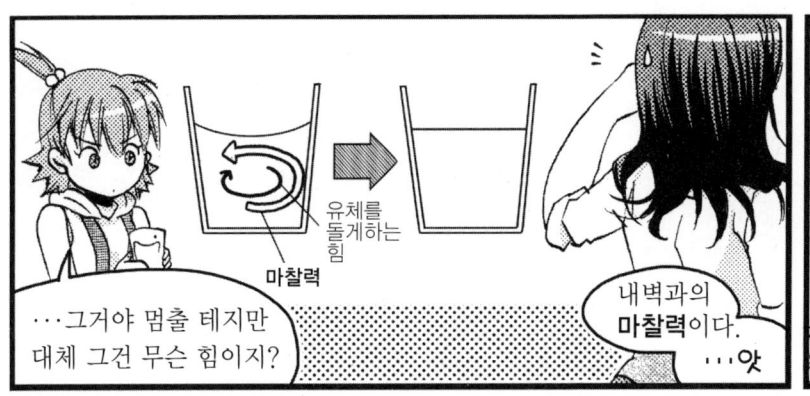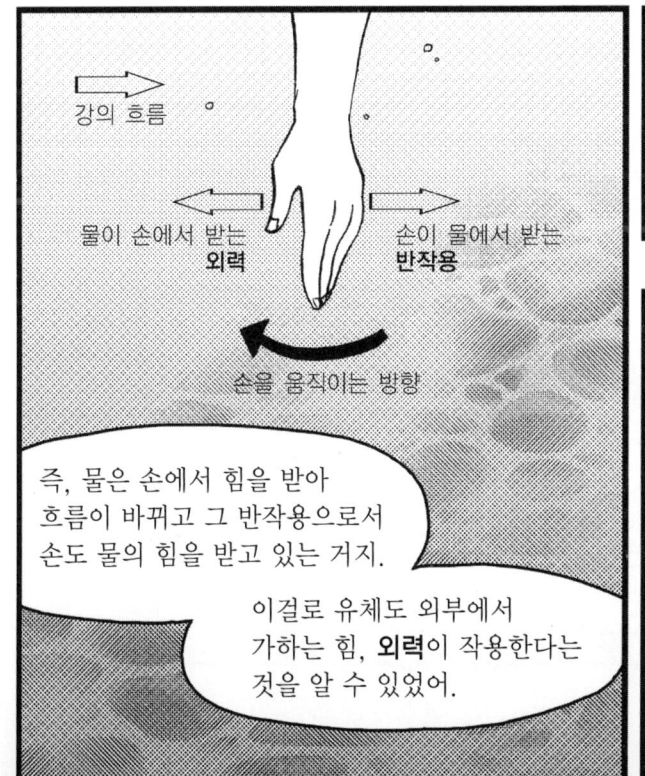

트럼프를 밀어 보아요 (전단력)

 상민아! 아까 '**전단력**'이라는 단어가 나왔는데, 일반 역학에서도 배우지 않은 거야. 그건 대체 무슨 힘이지?

 전단력이란 **어긋남을 일으키는 힘**이라는 뜻이에요. 물체와 마찬가지로 유체 내부에서도 작용하는 힘이죠.

 어긋남? 음~ 왠지 아리송한걸.

 여기에 트럼프 뭉치가 있어요.
제일 위에 있는 카드를 손으로 살짝 밀면… 보세요! 아래쪽의 카드까지 딸려서 어긋나게 되죠?

 이 때 **내부에서 발생하는, 어긋남을 일으키는 힘**이 전단력이에요.

 흠… 바로 옆에서 보니 이해하기가 쉽군.
엇갈리게 하는 힘에 끌려와서 전체가 평행사변형으로 변형되는구나.

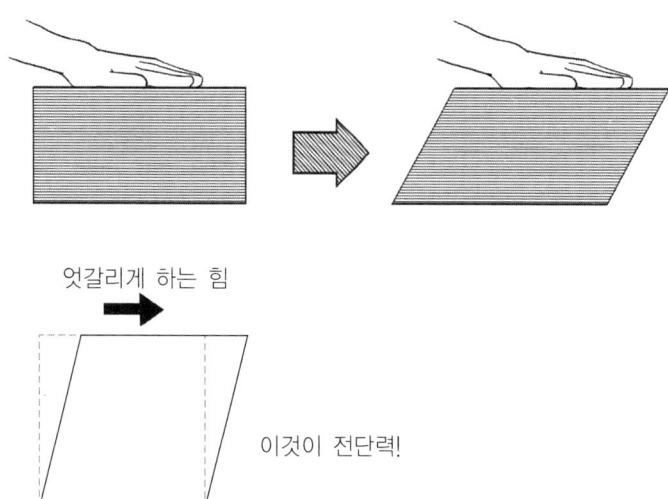

엇갈리게 하는 힘

이것이 전단력!

 그러면 다음으로 유체에 적용해서 생각해보아요.
수조의 수면 위에 판을 띄워서 그 판을 밀어 보죠.

그 모습을 수조 바로 옆에서 보면, 유속 u의 분포는 이런 식으로 될 거예요.

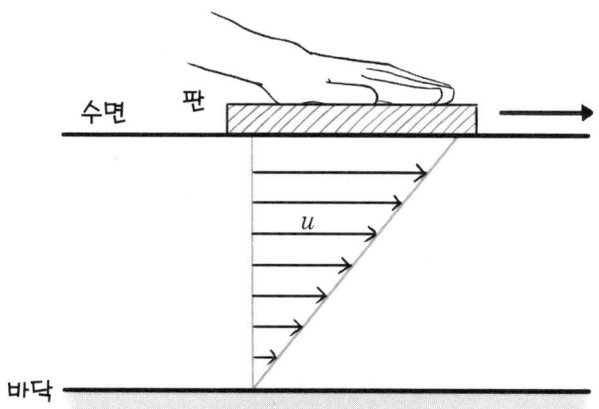

흠. 역시…
제일 위쪽에 의해 잡아당겨져서 아래쪽까지 연속해서 어긋나가는 이미지로군. 수면부터 바닥까지의 깊이에 따라 유속이 느려지고 있어.

이 때 발생하는 것이 전단력이라는 거구나!

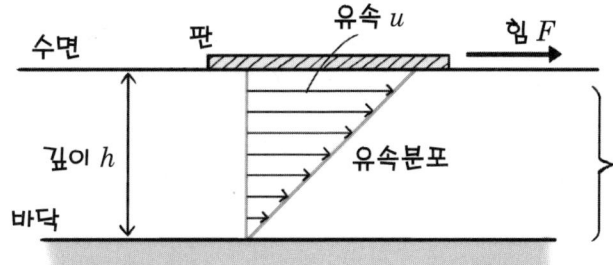

수면을 이동하는 수면 아래 물의 유속 분포

지금 이야기한 걸 정리하면 위에 있는 그림처럼 돼요.
유속 분포 그림은 이후에 많이 나오니까 익숙해질 필요가 있어요.
또한 유체의 전단력은 **점성력**에 의해 발생하는 거랍니다.
점성이나 **점성력**에 대해서는 나중에 자세히 이야기할게요.
(점성에 대해서는 P.98참조)

네~!

2. 연속의 식

행방불명되진 않아!
(질량보존법칙)

에헤헤~
우동 우동~
기대되는걸~

Wait a minute...

그래도 좀 걱정되네···
법칙 같은 거 완전 싫어하는데···

이봐···. 농땡이 피우지 말고 손이나 좀 씻어.

호스군요··· 좋아요. 이걸로 유체의 질량보존법칙을 설명할게요.

질량보존법칙?

예를 들면, 수도관에서 호스로 들어간 물은 언젠가 호스 밖으로 나오게 돼죠.

이 때 유체의 **유량**(단위시간 당 호스 단면을 통과하는 유체의 부피)은 호스에 들어갈 때나 나올 때나 전혀 변함이 없어요.

호스에 들어가는 유체입자 A군

호스에서 나오는 유체입자 A군

즉, 호스로 들어간 유체 입자 A군은 언젠가 반드시 호스 밖으로 나온다는 거죠.

제2장···흐름의 기본식

$Q=Au$이니까, 호스의 원래 단면적 A_1을 통과할 때나 좁아진 단면적 A_2를 통과할 때나 유량 Q는 동일해요.

$Q=Au$ 식에서 $A_1 > A_2$이기 때문에 $u_1 < u_2$가 돼죠.

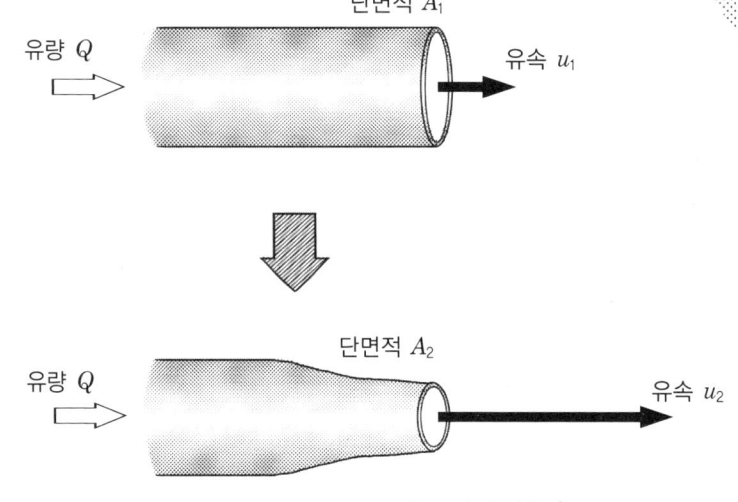

$A_1 > A_2$로부터 $u_1 < u_2$
(※자세한 내용은 P.70 참조)

아 그런가?

호스의 단면적이 변해도 수도꼭지에서 호스로 들어가는 유량과 호스에서 나오는 유량은 같은 거구나.

호스 출구의 단면적이 작으니까 호스를 나올 때 속도가 빨라지지 않으면 유량은 일정할 수 없어…

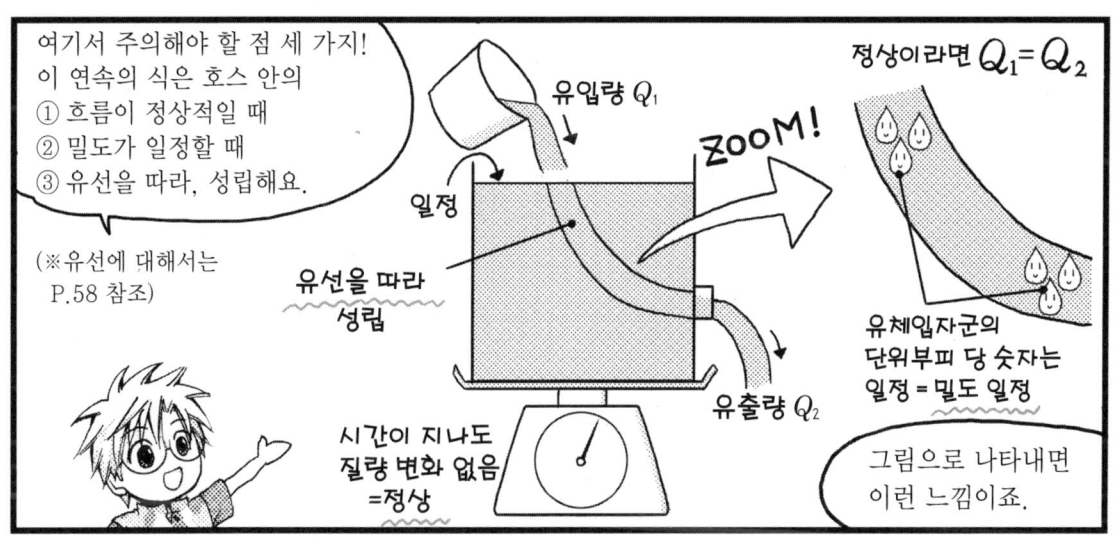

심화학습

연속의 식

그러면 여기서 연속의 식에 대해서 자세히 설명하겠습니다.

어째서 같은 유량 Q의 경우 흐름의 단면적 A가 작을수록 유속 u가 커지는 것일까요? 아래의 그림처럼 단면적 A인 호스에 유속 u로 물이 흐르고 있다고 하고 유량을 구해봅시다.

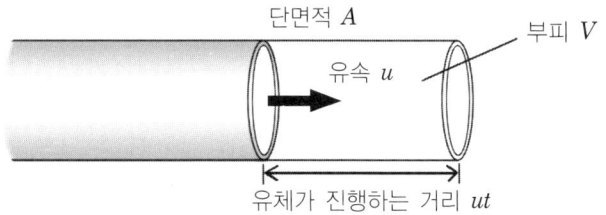

이 호스로부터 시간 t동안 유출되는 물의 부피는 다음 식처럼 되겠지요.

$$V = uAt$$

(유속×단면적×시간) = 유량 Q (단위시간 당 부피)

따라서, 단위시간(1초 간)에 유출되는 부피, 즉 유량 Q는 부피 V를 시간 t로 나누면 됩니다.

$$Q = \frac{V}{t} = uA$$

유량 (유속×단면적)

또한, 어떤 흐름의 유량 Q를 알고 있을 경우 단면적 A가 바뀌면 그 흐름의 유속 u는 $u = Q/A$(**유속 = 유량÷단면적**)로 구할 수 있습니다.

이 식을 잘 보세요. **u와 A는 반비례 관계**라는 것을 쉽게 알 수 있죠?

그래서 유량이 Q로 같을 경우 흐름의 단면적 A가 작아지면 거기에 대응해 유속 u도 증가하는 것입니다.

3. 베르누이의 정리

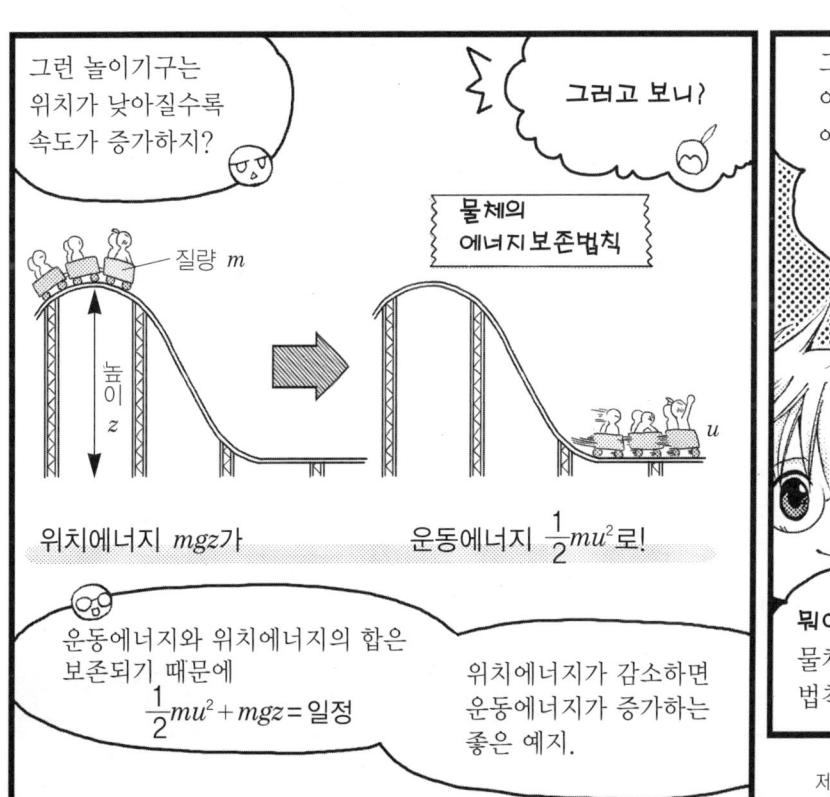

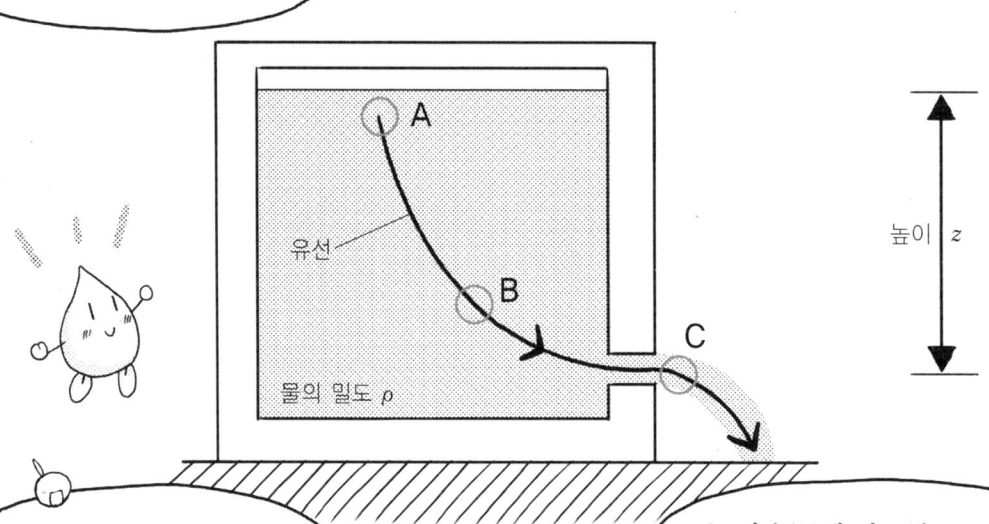

지금 이야기 했던 걸 정리할게요.

유체는 유선 위의 점에서 운동에너지, 압력에너지, 위치에너지의 합이 일정하게 됩니다.

즉, 이 식은 **유체의 단위부피 당 에너지 보존 법칙**으로 나타낼 수 있다는 거지. 물체의 에너지 식의 질량 m이 밀도(단위 부피당 질량)ρ로 바뀌고.

$$\frac{1}{2}\rho u^2 + p + \rho g z = 일정$$

- 운동에너지
- 압력에너지
- 위치에너지

그리고 에너지의 단위는 [Pa]이므로 다음과 같이 쓸 수도 있죠.

이 법칙은 **베르누이의 정리**라고 부르고, 식으로 나타낸 것을 **베르누이의 식**이라고 부르죠.

$$\frac{1}{2}\rho u^2 + p + \rho g z = E \; [\text{Pa}]$$

여기서 중요한 것은 이것은 **유선을 따라서만** 성립하는 정리라는 것이에요.

네 에

주의해서 기억해 두세요!

조금 심화된 내용인데, 물체의 운동방정식($F=ma$)을 유체 방정식에 적용한 **오일러의 운동방정식**이라는 것도 있어요.

이 오일러의 운동방정식을 유선을 따라 적분한 것이 **베르누이의 식**이에요.

베르누이의 식을 고안한 사람은 네덜란드의 수학자 다니엘 베르누이입니다. 아버지와 숙부도 수학자였는데, 특히 아버지가 질투할 정도로 재능이 있었다고 합니다.

심화학습

에너지 단위

그럼 여기서 에너지 E의 단위 [Pa]에 대해서 정리하겠습니다!

[Pa]은 이전에도 압력 p의 단위로 나왔죠(P.19 참조).

[Pa]=[N/m²]이었습니다. **그러면 왜 에너지 E의 단위도 될 수 있는 걸까요?** 그 의문을 풀기 위해서 다음을 봐 주세요.

에너지의 단위 [Pa]에 대해서

$$[Pa] = \left[\frac{N}{m^2}\right] = \left[\frac{N \cdot m}{m^3}\right] = \left[\frac{J}{m^3}\right]$$

[Pa]는 이렇게 변환할 수 있습니다.

[J]는 처음 보는거 아닌지 모르겠는데요, '줄'이라고 읽는 **에너지의 단위**입니다.
그 J을 m³로 나눈 것이죠. m³은 1m의 세제곱이고 '단위부피 당'을 의미하니까..

$$[Pa] \xrightarrow{\text{같다!}} \left[\frac{J}{m^3}\right]$$

즉, Pa은 **단위부피 당 에너지**라는 말이지요!
아까 '에너지는 밀도, 즉 단위부피 당 질량으로 생각한다.'라는 것을 설명했죠.
따라서 Pa은 에너지의 단위도 될 수 있는 것입니다.

제2장···흐름의 기본식 **75**

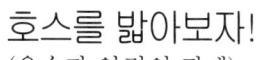

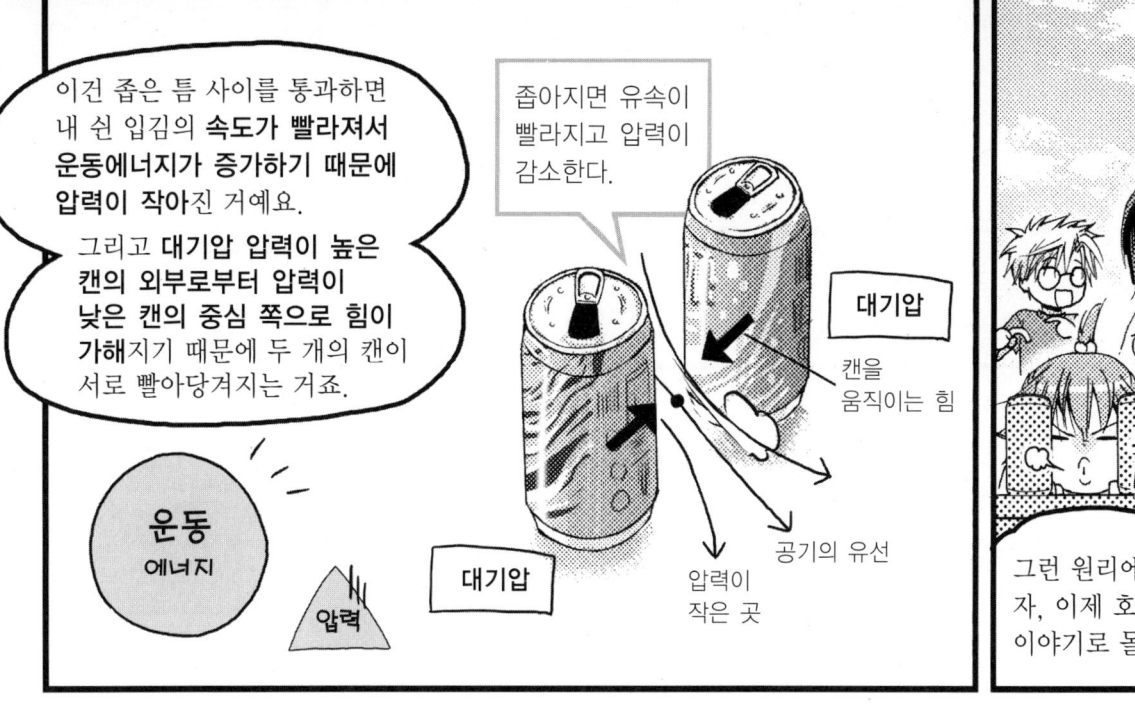

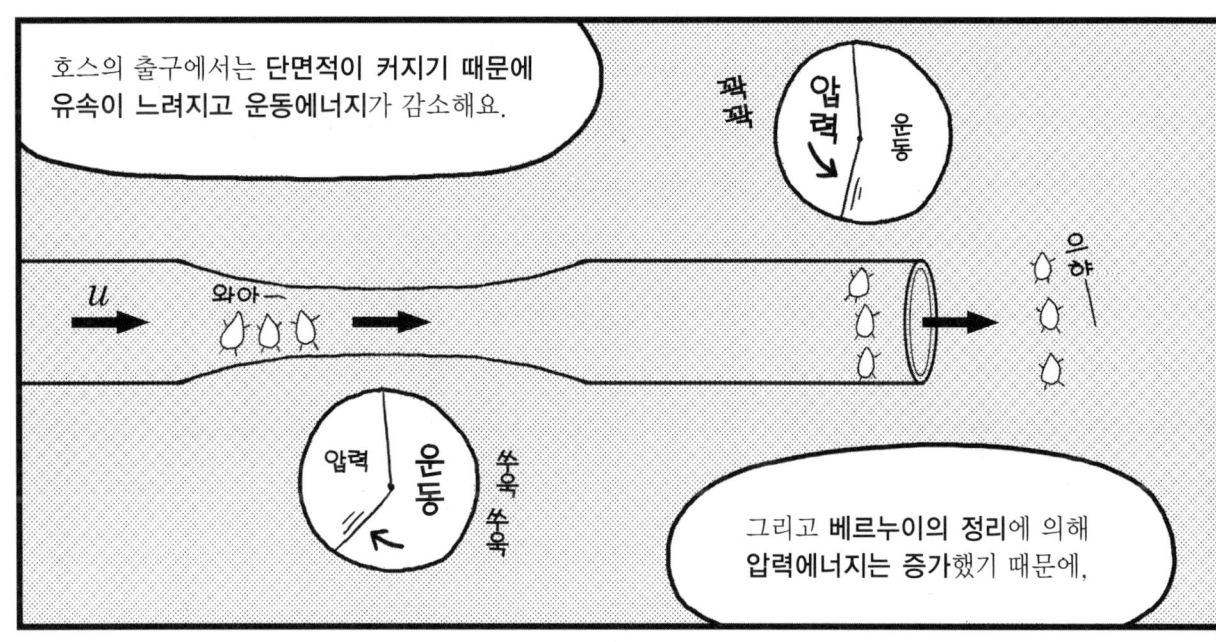

밸런스 볼을 이용한 운동량보존법칙의 이해

그러면 밸런스 볼을 잘 봐 주세요
왼쪽에서 1개의 공을 움직여서 부딪치면 오른쪽의 공이 한 개 튀어 오르죠.
※밸런스 볼의 원래 위치를 점선, 현재 위치를 실선으로 표시합니다.

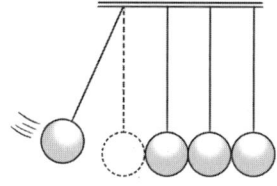  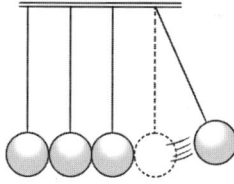

왼쪽에서 두 개의 공을 움직여서 부딪치면 오른쪽 공 두 개가 튀어 오르지.

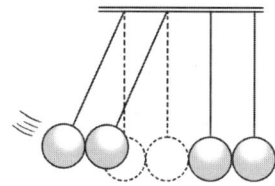  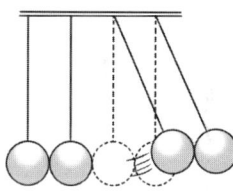

더욱 재밌는 점은 왼쪽의 공을 10cm만큼 떨어뜨린 다음 놓으면…

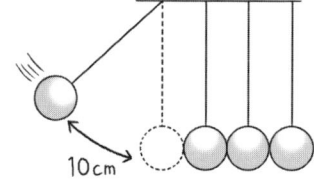  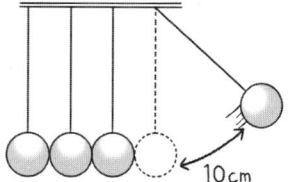

와~ 오른쪽 공도 10cm만큼 날아간다!

제2장···흐름의 기본식　**81**

자, 이 때 공들의 운동은 이렇게 설명할 수 있어요

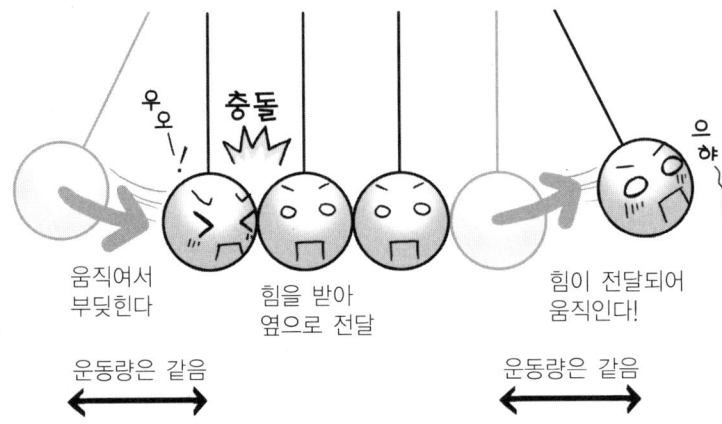

 왼쪽에서 부딪히기 직전의 속도 u_1과 질량 m의 곱이 오른쪽의 튕겨올라가는 공의 속도 u_2와 질량 m의 곱과 같게 된다는 것이지요.
이 공의 질량 m과 속도 u의 곱을 **운동량**이라고 해요.

 운동량이 그대로 전달되는 거야.
이게 그 유명한 **'운동량 보존 법칙'**이라는 거고.

 에헤헤~
밸런스볼 재밌네~

 미주, 너…듣고 있냐?

외부에서 힘을 가해봐(충격량)

 자자~ 미주가 밸런스 볼에 재미 붙이고 있는 와중에 제가 좀 방해를 해보고 싶어지는 데요.

 엥? 왜? 상민! 심술쟁이!

 후후후······. 장난을 쳐서 공 한 개가 닿는 순간에 제 손으로 공의 속도를 느리게 해볼 거예요.
어떻게 될까요?

 허얼~!
오른쪽으로 튀어 올라간 공이 느려지고 아까보다 높이가 낮아졌어. 약해진 거 같은데···

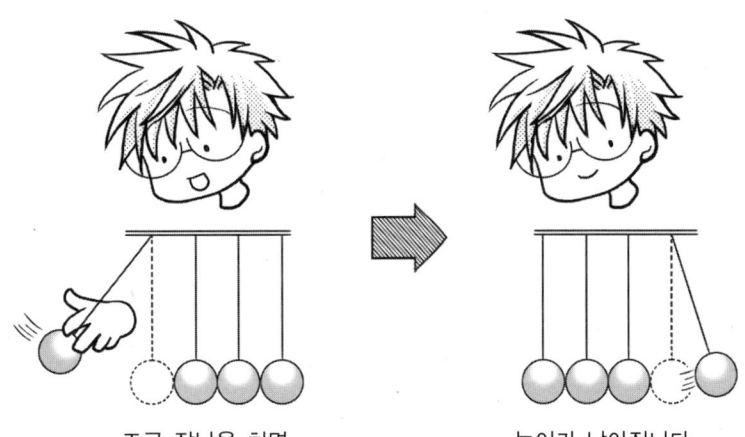

조금 장난을 치면   높이가 낮아집니다

 운동량이 줄었다···는 건가?

 그러면 이 걸 역학적으로 정리해 볼게요.

질량 m인 공이 속도 u_1로 운동하고 있을 때, 외부에서 힘 F가 시간 Δt 동안 작용한 뒤에 충돌해서 오른쪽의 날아가는 공의 속도는 u_2가 됐다고 할게요.

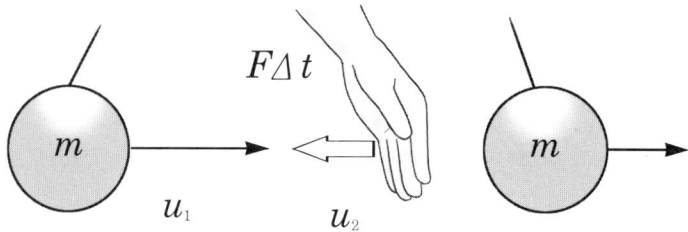

 힘 F라고 하는 건 상민이의 손을 말하는 거네.

 이 때 운동량 변화는 다음과 같이 나타낼 수 있어요.

$$mu_2 - mu_1 = F\Delta t$$

 여기서 제 손의 힘 F와 시간 Δt와의 곱 $F\Delta t$를 '**역적**[*]' 이라고 해요.

 **(변화 후의 운동량) - (변화 전의 운동량) = (가해진 역적)**
이라는 말이군

 저기, 질문!
변화하기 전의 운동량이 커서 변화 후의 운동량이 작아지니까 이 식에 대입해보면 $F\Delta t$는 마이너스가 되어 버리잖아? 괜찮은 거야?

 네. 제 손도 장난을 쳐서 운동량을 감소시켰기 때문에 $F\Delta t$가 마이너스가 되는 것도 당연한 거예요.

[*] 역적(力積) → 충격량

마이너스인 역적이 더해졌다…라는 소리군.

이 식은 가해지는 역적(손의 힘×시간)만큼 운동량이 변화했음을 보여주고 있어요.
힘 F에 대해서 정리하기 위해 이 식을 Δt로 나눠볼게요.

$$F = \frac{mu_2 - mu_1}{\Delta t}$$

그러니까, **'작용하는 힘(손의 힘)＝단위시간 당 운동량의 변화'**가 되는구나.

이 식에서 제 손이 작용하는 힘 즉, **외력**이 작용하는 시간 간격 Δt를 알면 **변화 전과 변화 후에 대한 운동량을 알아봄**으로써 작용하는 외력을 구할 수 있어요.

흠흠. 여기까지가 물체에 대한 운동량보존법칙이었지.
잘 알았어!

제2장···흐름의 기본식

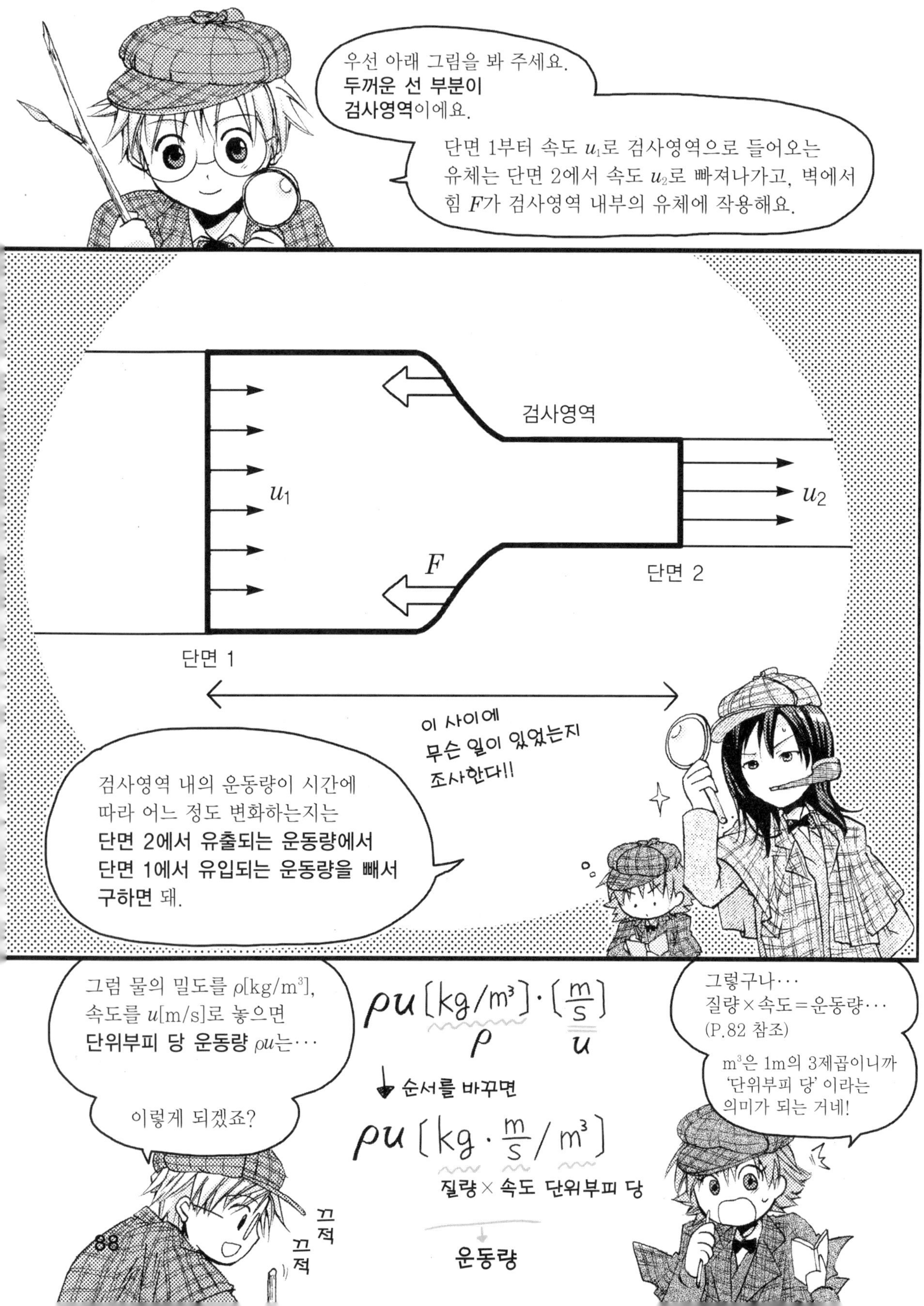

우선 아래 그림을 봐 주세요.
두꺼운 선 부분이 검사영역이에요.

단면 1부터 속도 u_1로 검사영역으로 들어오는 유체는 단면 2에서 속도 u_2로 빠져나가고, 벽에서 힘 F가 검사영역 내부의 유체에 작용해요.

검사영역 내의 운동량이 시간에 따라 어느 정도 변화하는지는 **단면 2에서 유출되는 운동량에서 단면 1에서 유입되는 운동량을 빼서 구하면** 돼.

이 사이에 무슨 일이 있었는지 조사한다!!

그럼 물의 밀도를 $\rho[\text{kg/m}^3]$, 속도를 $u[\text{m/s}]$로 놓으면 **단위부피 당 운동량 ρu는**…

이렇게 되겠죠?

$$\rho u \left[\text{kg/m}^3\right] \cdot \left[\frac{\text{m}}{\text{s}}\right]$$
$\underset{\rho}{\sim} \quad \underset{u}{=}$

↓ 순서를 바꾸면

$$\rho u \left[\text{kg} \cdot \frac{\text{m}}{\text{s}} / \text{m}^3\right]$$
질량 × 속도   단위부피 당
↓
운동량

그렇구나…
질량 × 속도 = 운동량…
(P.82 참조)

m^3은 1m의 3제곱이니까 '단위부피 당'이라는 의미가 되는 거네!

그럼 다음으로 **단위시간당 운동량** $\rho u Q$를 구해 보죠.

운동량

어떤 단면을 통과하는 **단위시간 당 운동량**은 '단위**부피** 당 운동량'에 유량 $Q\,[m^3/s]$를 곱하면 된단 말씀!

단위시간 당 운동량 $\rho u Q =$ 단위부피 당 운동량 ρu $[kg \cdot \frac{m}{s}/m^3]$ × 유량 Q $[m^3/s]$

단위시간 당 유입되는 운동량
$\rho u_1 \times Q$
단위부피 당 운동량   유량

단위시간 당 유출되는 운동량
$\rho u_2 \times Q$
단위부피 당 운동량   유량

$\rho u\,[kg \cdot \frac{m}{s}/m^3]$에 $Q\,[m^3/s]$을 곱하면 m^3가 소거되서 단위는 $[kg \cdot \frac{m}{s}/s]$이 된다.

운동량을 [s(초)]로 나눈 거니까 확실히 $\rho u Q$는 **단위시간 당 운동량**이지.

즉,
검사영역 내의 단위시간 당 운동량 변화
＝단면 2에서 유출되는 단위시간 당 운동량 $\rho u_2 Q$
－단면 1에서 유입되는 단위시간 당 운동량 $\rho u_1 Q$
와 같이 구할 수 있어요.

아까 밸런스 볼 때랑 같은 이치네!

이 경우 검사영역의 유체에 작용하는 힘은 관의 수축 부분에서 받는 힘이 돼요.

흠흠흠흠

단면 1, u_1, F, 검사 영역, u_2, 단면 2

이게 아까 밸런스 볼에서 말했던 '손의 힘' F에 해당하는 것이겠군.

여기까지 본 **검사영역 내의 유체에 대한 운동량보존법칙**을 식으로 쓰면,

두근 두근

이렇게 돼죠!

$$\rho u_2 Q - \rho u_1 Q = F$$

$\rho u_2 Q - \rho u_1 Q = F$
검사영역 내의 단위시간 당 운동량 변화
=관의 수축 부분에서 받는 힘
…이라는 거로군.

와~! 대단해! 풀렸다!

만화로 쉽게 배우는 유체역학

제3장
층류와 난류

1. 점성이 있는 유체

제3장···층류와 난류

걸쭉해? 산뜻해?
(점성)

흐름을 방해하는 얄미운 녀석?!
(점성력)

점성이 있는 유체에는 **'점성력'** 이라는 것이 발생해요.

여기에 끈적끈적한 물엿과 맑은 물을 준비했어요.

이걸 각각의 판 위에 놓고 흘려 볼 거예요.

이 때 "흐름을 방해해야지~"라며 작용하는 힘이 점성력이에요.

점성력이란 거 심술궂네. 흐름은 어떻게 되는거야?

으음… 그런 힘이 작용하면 방해가 되겠지.

점성이 큰 유체는 방해를 받아 흐름이 곧 멈춰버리지 않을까?

그렇습니다!

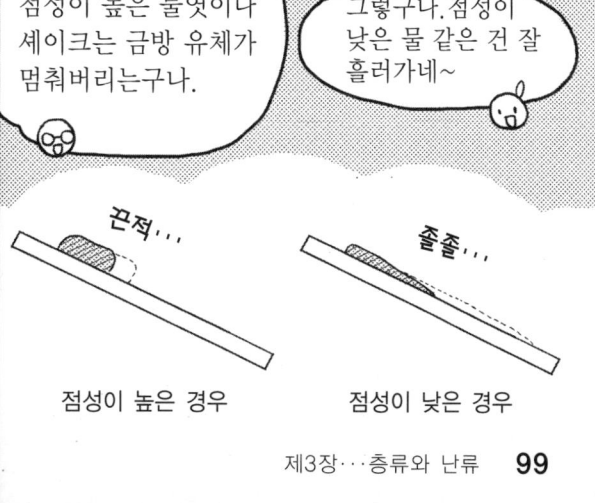

점성이 높은 물엿이나 셰이크는 금방 유체가 멈춰버리는구나.

그렇구나. 점성이 낮은 물 같은 건 잘 흘러가네~

끈적… 졸졸…

점성이 높은 경우   점성이 낮은 경우

가속했다가 감속했다가 (점성력의 구조)

그러면 지금부터 점성력의 구조를 자세히 설명하겠습니다!
체육 시간에 마라톤을 하고 있는 상황을 상상해주세요.

빨리 달리는 집단과 느리게 달리는 집단이 나란히 뛰고 있어요
느린 집단에 있던 미주가 빠르게 뛰는 집단 안으로 휘말려 들어가 버렸다고 생각해보죠.

그러면 빨리 뛰는 집단은 속도를 낮추게 돼요.
왜냐면 미주랑 부딪칠 것 같으니까.

느린 내가 다른 사람들한테 민폐인 거 같잖아!

뭐 어디까지나 예시니까요.

다음은 반대의 상황.
빠른 집단에 있던 정연 선배가 느린 집단 안으로 들어갔다고 합시다.

그러면 느린 집단은 가속을 하죠.
왜냐면 정연 선배랑 부딪칠 것 같으니까.

 이봐 이봐, 모두 빨리 뛰라고 하는 것과 같군.

 운동량의 관점에서 보면 느린 집단은 빠른 정연 선배로부터 큰 운동량을 받는다, 즉 힘이 가해졌다는 것을 의미해요.

정리하면 아래 그림처럼 됩니다. 도로에서 차 한 대가 느리게 주행하면 모든 차량이 감속하고, 한 대가 빨리 주행하면 모든 차가 가속하죠. 그런 거랑 똑같아요.

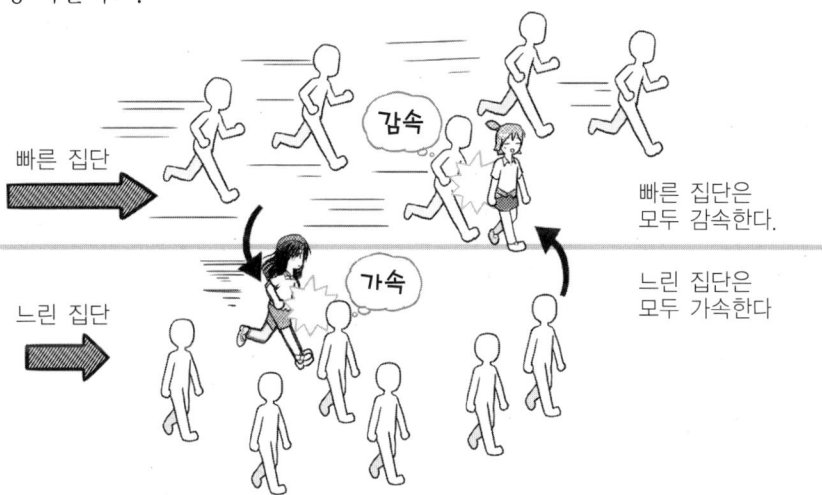

飯田明由, 小川隆申, 武居昌宏 공저: '基礎から學ぶ流體力學'
p.120, 그림 4.2에서 인용, 일부 수정(옴사, 2007)

 음… 마라톤이나 차를 예로 든 건 알겠는데 이게 무슨 얘기지? 점성력의 원리를 가르쳐 준다고 하지 않았나?

아하하. 서론이 길어져서 죄송해요.
실은, 이렇게 **가속했다가 감속했다가 하는 힘**이 바로, '**점성력**' 이거든요.

 엥!? 무슨 소리야?
점성력은 '**흐름을 방해하려고 작용하는 힘**'이라고 아까 말했잖아!

 네. 조금 까다롭지만 이 가속했다가 감속했다가 하는 힘에 의해 유체가 방해를 받고 있는 거예요.

그럼 이 전의 마라톤 이미지를 유체에 적용해볼게요.

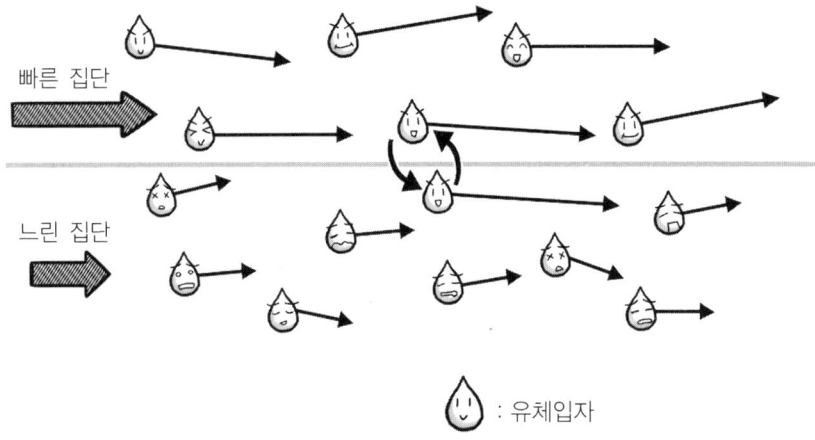

빠른 유체입자 하나가 느린 집단 안으로 들어간 경우

 흠흠. 빠른 유체입자들이랑 느린 유체입자들이 나란히 뛰고 있는 모습이네.

 빠른 유체입자 하나가 느린 집단으로 들어갔다… 이건 아까 마라톤에서의 나와 같은 상황이로군.

유속이 다른 2개의 흐름이 접하는 것과 같은 상태를 생각해보세요. 유속은 나란히 진행해도 실제로 유체입자들은 부산스럽게 운동하기 때문에 빠른 유체입자가 느린 유체에 들어가거나 또는 그 반대 현상도 일어나는 거예요.

 그렇구나… 그렇게 하면 마라톤의 예에서와 같이 빠른 유체는 감속하고 느린 유체는 가속한다는 거구나.

 이런 식으로 유체 속도의 차이가 있는 곳에 점성력이 작용하는 거예요.

 이게 점성력의 원리구나! 유체입자들에 의해 일어나는 힘이군!

 흠.,… 점성력은 **유체 내부에서 발생하는 힘**이라는 거네.

그거 환상인가?(이상유체와 점성유체)

그럼… 여기서 아~주 중요한 이야기를 할 거에요!
'**이상유체**'와 '**점성유체**'에 대해서 이야기를 할 건데요.
(※이상유체는 '완전유체', 점성유체는 '실재유체'라고도 합니다.)

다음을 봐주세요. 이것은 관 속을 흐르는 유체의 유속 분포 모습이에요.

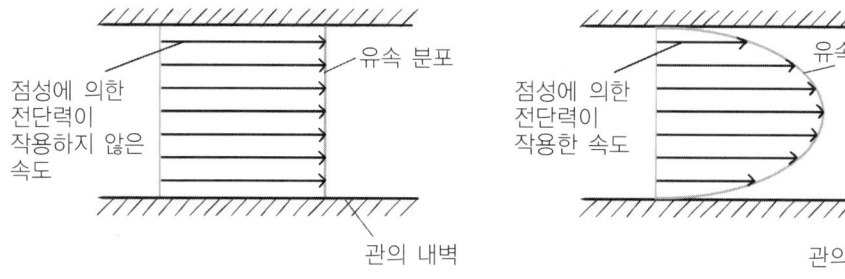

(a) 이상유체 (b) 점성유체

※지금부터는 '점성에 의한 전단력'을 간단히 '점성력'이라고 하겠습니다.

관 속을 흐르는 유체의 유속 분포

실은 우리 주변에 존재하는 유체는 '**점성유체**'라고 하고 **점성**을 가지고 있어요. 실제로 존재하는 유체가 흐를 때 유속 분포는 위 그림 (b)처럼 되어 있어요.

호오! 벽과의 마찰 부분에서 가장 속도가 느려지고 거기에 끌어당겨지듯이 차례대로 느려지는구나.

가운데가 제일 빠르네!
확실히 강도 이런 식으로 흐르지.
물가 쪽에서는 속도가 느린데 한 가운데로 갈수록 빨라지는 거야.

사실, 저번에 이야기했던 베르누이의 정리나 운동량보존법칙 등은 어디까지나 '**이상유체**'에서의 이야기였어요. 이상유체는 점성이 없고 힘을 가해도 압축되지 않죠. 말하자면 **가상의 유체**라는 거예요.

 엣! 화…환상? 그럴 수가!
그럼 이제까지 했던 이야기는 도대체 뭐가 되는 거야?

 진정하세요~! 유체의 운동 특성을 이해하거나 시뮬레이션 계산 등을 할 때 이상유체가 필요하니까요.

 그렇군… 우선은 이상유체에서의 흐름을 생각하고 그 후에 점성 등의 여러 가지 요소를 하나하나 고려해준다는 건가?

 네. 점성을 배움으로써 우리들 주변에 실존하는 유체를 좀 더 깊이 이해할 수 있게 되는 거예요. 또한 흐름의 가운데에 생기는 소용돌이도 점성 유체의 특징이죠. 소용돌이가 생기는 건 점성의 영향 때문이에요.

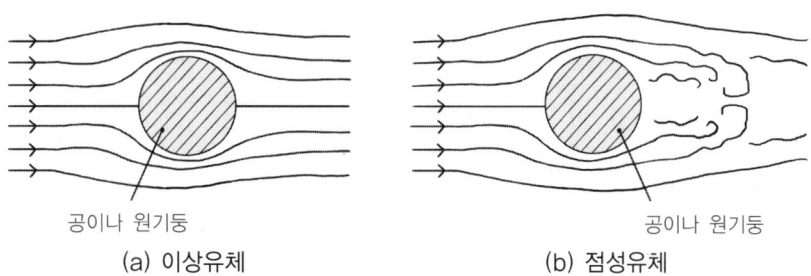

공이나 원기둥 주변 흐름의 모습

久保多浪之介 著 「トコトンやさしい流體力學の本」 日刊工業新聞社(2007)에서 인용

 강력분으로 대나무 관의 흐름을 봤을 때 실제로 소용돌이가 일어났었지요?
강도 대나무관도 주변의 공기도 실제론 점성유체….
'**점성유체**'야말로 **실존하는 진짜** 유체라는 거네!

제3장…층류와 난류

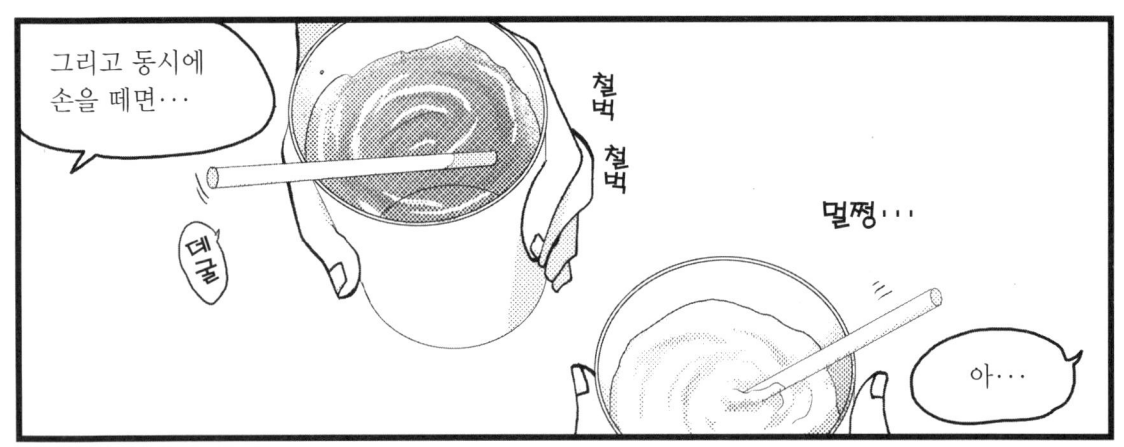

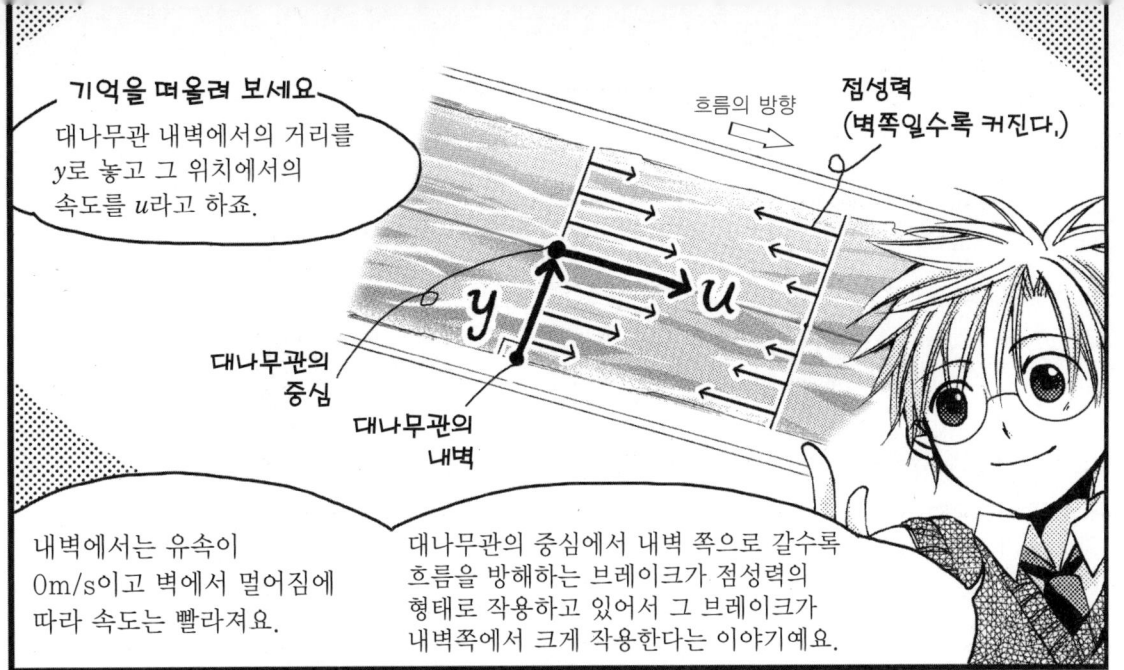

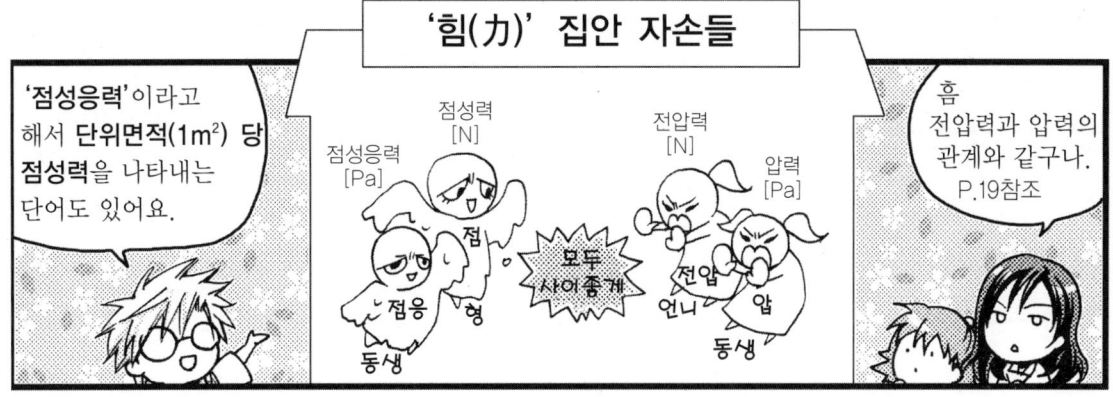

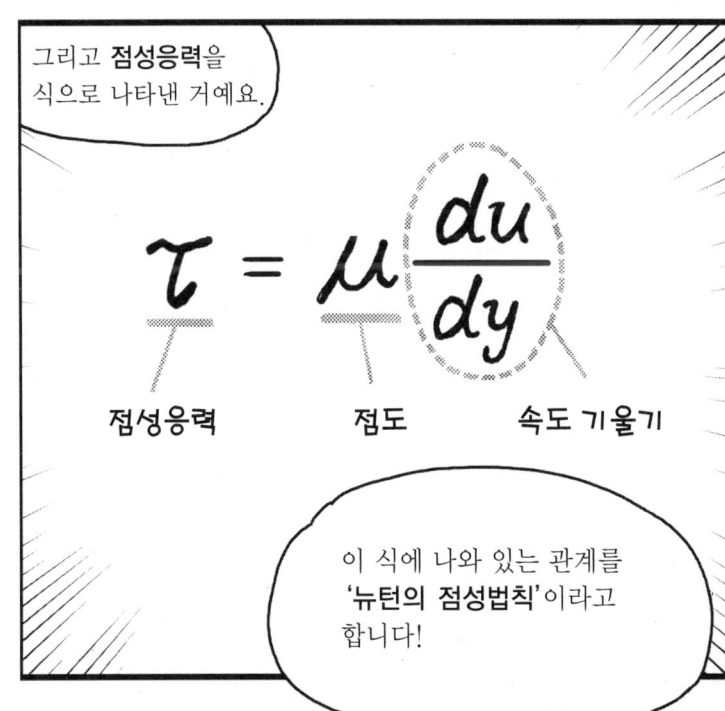

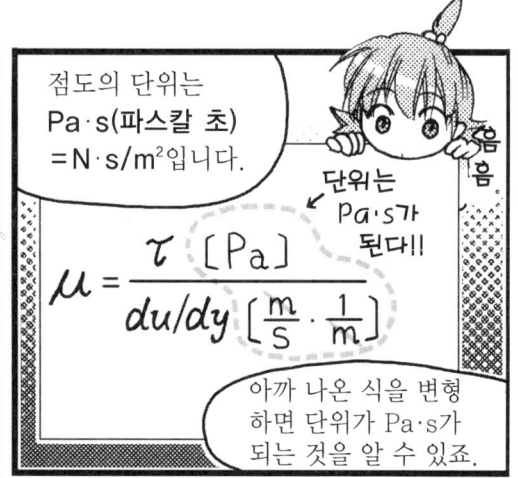

얼마큼 걸쭉해? (점도와 동점도)

점도란 유체의 점성의 정도를 나타내는 것으로, '점도계수'라고도 해요.

점도의 단위는 Pa·s(파스칼 초) =N·s/m²입니다.

$$\mu = \frac{\tau \, [Pa]}{du/dy \, [\frac{m}{s} \cdot \frac{1}{m}]}$$

단위는 Pa·s가 된다!!

아까 나온 식을 변형하면 단위가 Pa·s가 되는 것을 알 수 있죠.

점도는 유체마다 고유의 값을 가지며 점도가 높을수록 걸쭉해요.

예를 들면 마요네즈는 8Pa·s, 25℃의 물은 0.00089Pa·s이죠.

또, 점도는 온도가 올라갈수록 감소해요.

식용유는 보통 걸쭉한 상태이지만, 프라이팬에서 불에 달구면 미끈미끈해지는 걸 알 수 있죠.

또한, '**동점도**'라는 것도 있는데 이것은 보통 그리스문자 ν(뉴)를 사용해요.

동점도는 점도를 그 유체의 밀도로 나눈 물리량으로 단위는 [m²/s]예요.

동점도는 나중에 또 나오니까 기억해두세요!

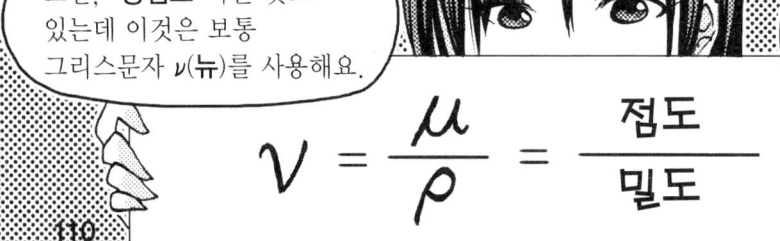

$$\nu = \frac{\mu}{\rho} = \frac{점도}{밀도}$$

흐름의 특징을 나타내는 대법칙
(레이놀즈수)

자, 지금으로부터 100년도 전에

레이놀즈라고 하는 영국 학자가 어떤 법칙을 발견했어요.

그것이 **레이놀즈수**!

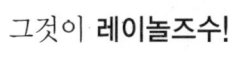

레이놀즈수는 단위가 없는 무차원수로 '어떤 힘'과 '어떤 힘'의 비를 나타낸 것입니다.

비라는 건 비중(질량의 비)처럼 단위는 없는 건가?(p.27 참조)

하지만 그 '어떤 힘'이라는 건 뭐예요?

알려줘~

우 후 후...

레이놀즈수의 '어떤 힘'이란 유체에 작용하는 **관성력**(속도에 관련된 힘)과 **점성력**(점도에 관련된 힘)이에요.

이 두 개의 비율이기 때문에 레이놀즈수는

$$Re = \frac{관성력}{점성력}$$

이라고 쓸 수 있죠.

조금 더 구체적으로 얘기하면 레이놀즈수는 이런 식으로 구할 수 있어요!

$$Re = \frac{U \times d}{\nu} = \frac{대표속도 \times 대표길이}{동점도}$$

흠흠흠흠흠
레이놀즈수는 Re라고 쓰는구나.

……

이 측정에서의 레이놀즈수를 구하면

$$Re = \frac{U \times d}{\nu}$$

$$= \frac{\text{셰이크의 평균속도} \times \text{빨대의 직경}}{\text{셰이크의 동점도}}$$

가 됩니다. 그리고 이 식은

$$Re = \frac{\text{셰이크의 관성력}}{\text{셰이크의 점성력}}$$

과 같습니다.

※ 평균속도(평균유속)에 대해서는 P.119에서 설명하겠습니다.

레이놀즈수가 작으면
점성력이 관성력보다 지배적인 걸쭉한 상태
레이놀즈수가 크면
관성력이 점성력보다 지배적인 미끌미끌한 상태가 됩니다.

빨대의 직경이 같다면 **유속이 빠를수록 레이놀즈수가 커지고 느릴수록 레이놀즈수가 작아진다**는 거죠.

즉···
이 셰이크를 빨리 마시면 레이놀즈수가 커지고,
천천히 마시면 레이놀즈수가 작아진다
···는 거죠.

2. 층류와 난류

잉크를 흘려보자(레이놀즈의 실험)

영국의 물리학자 레이놀즈는 흐름이 느린 곳과 빠른 곳에서는 흐름의 형태가 크게 다른 것을 깨닫고 흩어져서 흐르는 흐름을 '난류'라고 불렀습니다.

레이놀즈는 관에 액체를 흘려보내 유속이나 관의 직경, 점도 등을 바꾸는 실험을 했습니다.

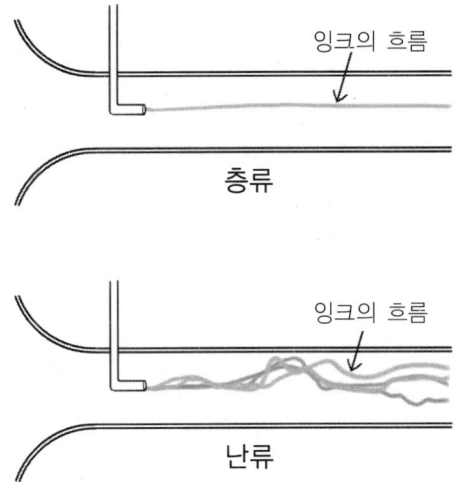

유속이 느린 경우나 액체의 점도가 큰 경우는 관 속에 잉크를 넣었을 때 잉크가 선 모양으로 가만히 흘러갔습니다.

하지만 유속이 빠르거나 관의 직경이 큰 경우, 점성이 작은 경우는 관 속의 흐름이 격하게 혼합되어서 잉크의 흐름이 변화하는 것에 착안했습니다.

그리고 층류와 난류의 경계는 레이놀즈수가 약 **2320**인 것을 발견했습니다. 이 2320을 **임계 레이놀즈수**라고 합니다.

레이놀즈 실험에 의해 유체에 작용하는 관성력과 점성력의 비가 어떤 일정한 값을 넘으면 흐름의 상태가 변화하는 것을 알게 되었습니다.

흩어져 버렸어
(난류의 특징)

난류란 **레이놀즈수가 큰 상태**, 즉, 유체의 유체입자군의 관성력이 점성력을 뛰어넘어 **자유롭게 움직일 수 있는 상태**라고 생각해 주세요.

개방적 모드!

이른바 개방적인 기분이 된 난류의 특징으로는 이런 것들이 있어요.

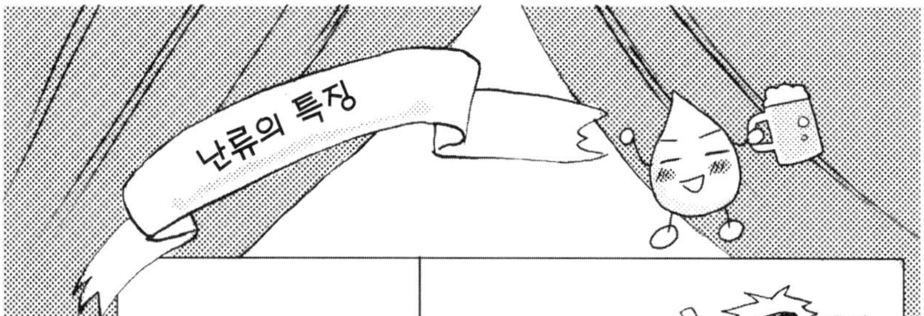

난류의 특징

3차원적인 흐름	취객이 갈지자 걸음을 하듯이… 
비정상적인 흐름	취객이 갑자기 뛰거나 갑자기 멈추는 것처럼 
내부의 흐름이 격하게 섞임	취객이 사람한테 시비를 거는 것처럼 
벽면 근처의 속도기울기가 커지기 때문에 벽면의 점성응력이 커짐	취객이 벽에 부딪쳐 저항을 받는 것처럼 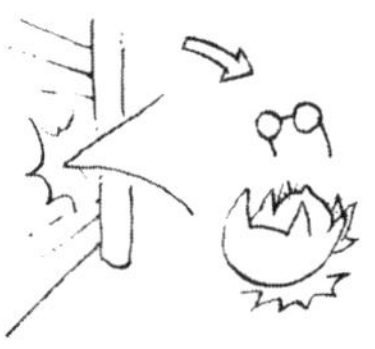
유량의 증가에 따라 압력손실*이 증가함	취객이 뛰면 헥헥대는 것 (에너지 손실이 큼) 처럼 

※압력손실=어떤 두 점 사이에 대한 에너지 손실을 말함. 자세한 사항은 P.134 참조

뭐…뭔가 엄청 흐트러져 있네…

점성력에 이끌려 얌전했던 상민이가 임계 레이놀즈수를 넘어버린 건가…!

※임계 레이놀즈수에 대해서는 p.115참조

무슨 말을 하는 거예요~ 선배~에헤헤~

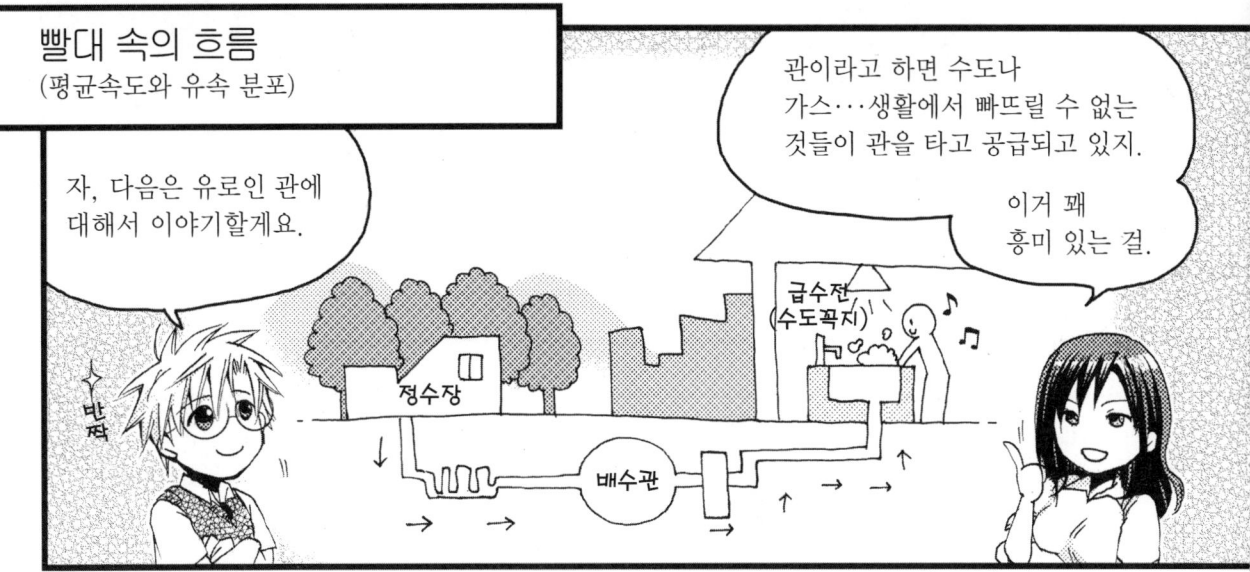

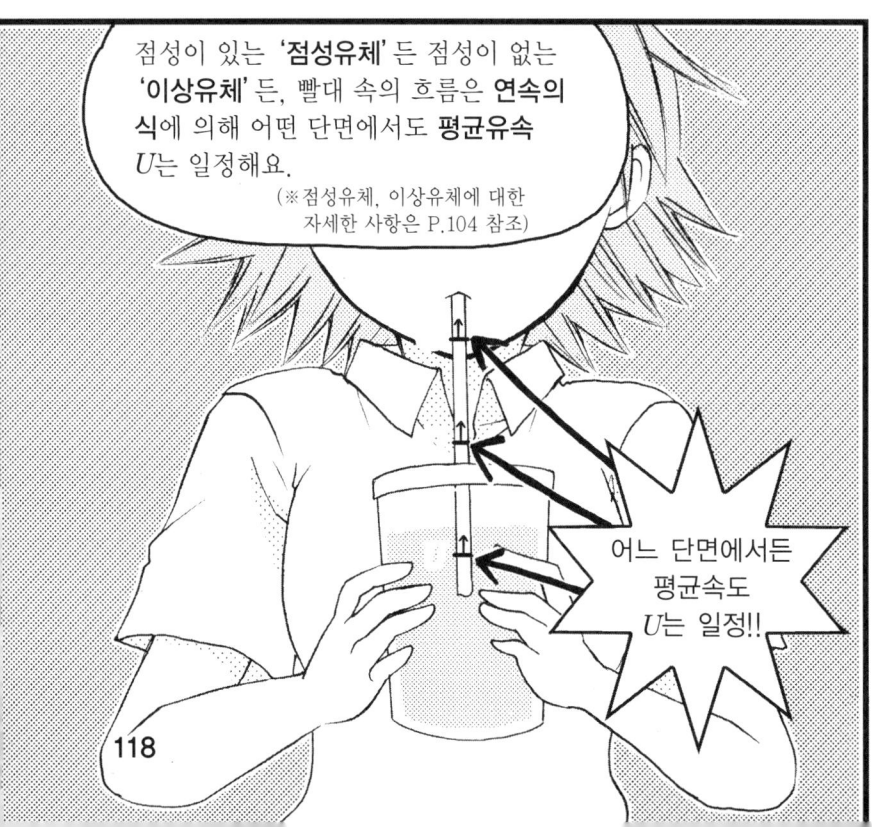

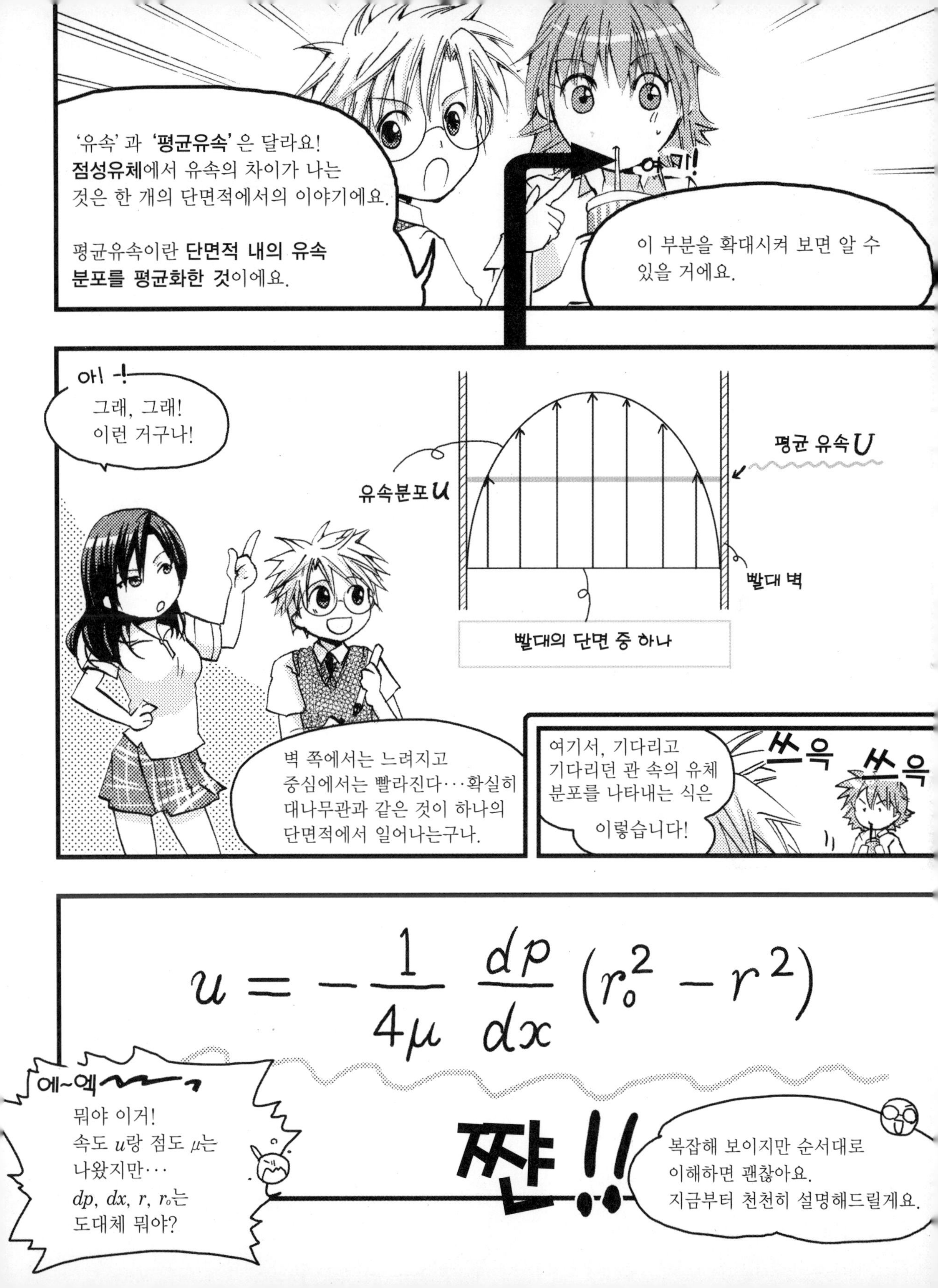

'유속'과 '평균유속'은 달라요!
점성유체에서 유속의 차이가 나는 것은 한 개의 단면적에서의 이야기에요.

평균유속이란 **단면적 내의 유속 분포를 평균화한 것**이에요.

이 부분을 확대시켜 보면 알 수 있을 거에요.

아~!
그래, 그래!
이런 거구나!

유속분포 u
평균 유속 U
빨대 벽
빨대의 단면 중 하나

벽 쪽에서는 느려지고 중심에서는 빨라진다…확실히 대나무관과 같은 것이 하나의 단면적에서 일어나는구나.

여기서, 기다리고 기다리던 관 속의 유체 분포를 나타내는 식은 이렇습니다!

쓰 윽 쓰 윽

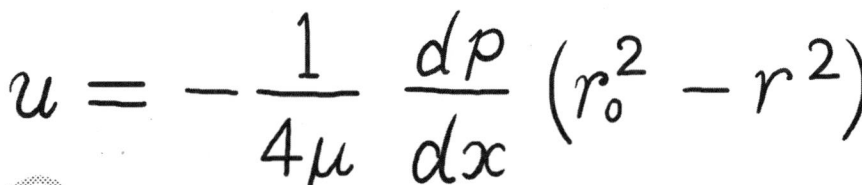

$$u = -\frac{1}{4\mu}\frac{dp}{dx}(r_0^2 - r^2)$$

에~엑
뭐야 이거!
속도 u랑 점도 μ는 나왔지만…
dp, dx, r, r_0는 도대체 뭐야?

짠!!

복잡해 보이지만 순서대로 이해하면 괜찮아요. 지금부터 천천히 설명해드릴게요.

식을 꼼꼼히 보자! (포물선 분포를 취하는 흐름)

$$u = -\frac{1}{4\mu} \frac{dp}{dx} (r_o^2 - r^2)$$

우선은 dp/dx가 신경 쓰이네. 속도기울기 du/dy랑 비슷해. 그런데 어째서 마이너스가 필요한 거지? 흠···.

예리하시네요, 이건 **'압력기울기'**라고 해요.
d는 Δ와 같은 극히 작음의 의미로 x축 방향으로 아주 작은 거리 dx[m]만큼 가면, 압력이 dp[Pa]만큼 내려간다는 **위치 변화에 따른 압력의 변화량**을 나타내고 있어요. dp/dx는 마이너스 값을 가지기 때문에 마이너스를 처음에 붙여서 전체를 플러스 값으로 만들어 주는 거예요.

그렇구나.

그럼 다음으로, r과 r_o에 대해서 이야기 할게요. 관 속을 상상해 보세요.

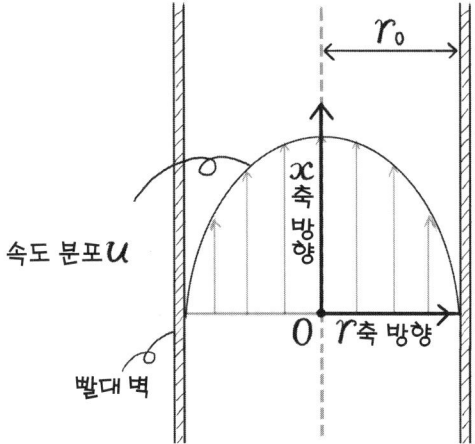

정중앙을 기준으로 해서 흐름의 방향을 x축 방향으로 놓을게요. r는 중심 O에서 벽 방향의 축이고 r_o는 이 관의 반지름이라고 할게요.

 흠…흠…

 $r=0$일 때는 빨대의 중심이 되겠죠.
이 때, 가장 x축 방향 속도가 커요. 즉, 유속이 빠르다는 거죠.

$r=r_0$일 때는 빨대의 바로 벽 부분이에요.
이 때 x축 방향의 속도는 없어요. 즉, 유속은 없다는 거죠.

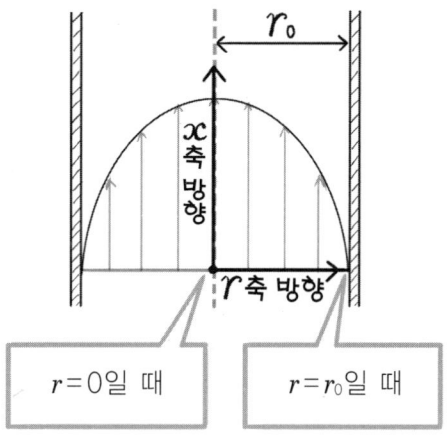

$r=0$일 때 $r=r_0$일 때

 음음… 그림을 보니까 잘 알겠어~!

 …이제 알았어. 그러니까 이 식은 r의 2차함수지.
중앙이 큰 곡선(포물선) 자체를 나타내고 있는 거구나.

 그런 거예요! 이 식은 관 속의 유체가 **관 중심에서 최댓값을 갖는 포물선 분포**라는 것을 나타내고 있죠.

또, 이렇게 포물선 분포를 갖는 흐름을 '**포아즈이유 흐름**'이라고 해요.

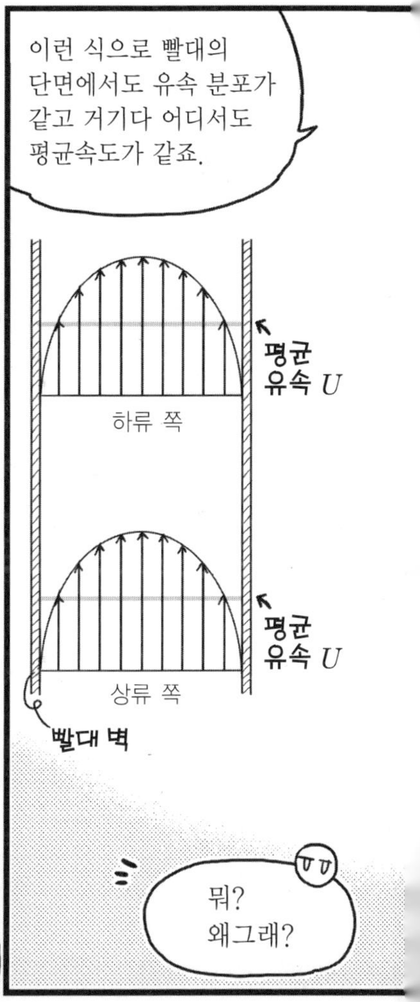

사실 이 점성응력과 평형을 이루면서 유체를 등속으로 운동하게 하는 불가사의한 힘의 원인이…

입 속에 있어요!

이런 데에?

미주야! 최대한 빨아들여봐!

지금 미주의 **입 속**은 압력이 낮아져 있어요.

빨대로 빨아들일 때는 **입속의 압력이 대기압보다 작아진다**는 거니까요…

그렇구나!

그러면 빨대의 **상류 쪽**(입에서 먼 쪽)과 **하류 쪽**(입과 가까운 쪽)의 압력을 비교해 볼까요?

상류 쪽의 압력 p_1보다 하류 쪽의 압력 p_2가 압력이 더 낮죠.

하류 쪽
p_2 ↑ U

압력이 낮음

p_1 ↑ U

압력이 높음 상류 쪽

그런가! 이전에 압력 얘기할 때 배운 압력차 Δp! (P.33 참조)

압력차 Δp에 따라 셰이크는 미주의 입까지 올라가는구나!

상류 쪽(입에서 먼 쪽)은 **대기압**과 비슷하지만 하류 쪽(입과 가까운 쪽)에 가까이 갈수록 **압력이 낮아지게** 됩니다.

그래서 압력이 높은 상류 쪽에서 압력이 낮은 하류 쪽으로 셰이크가 흘러가는 것이지요.

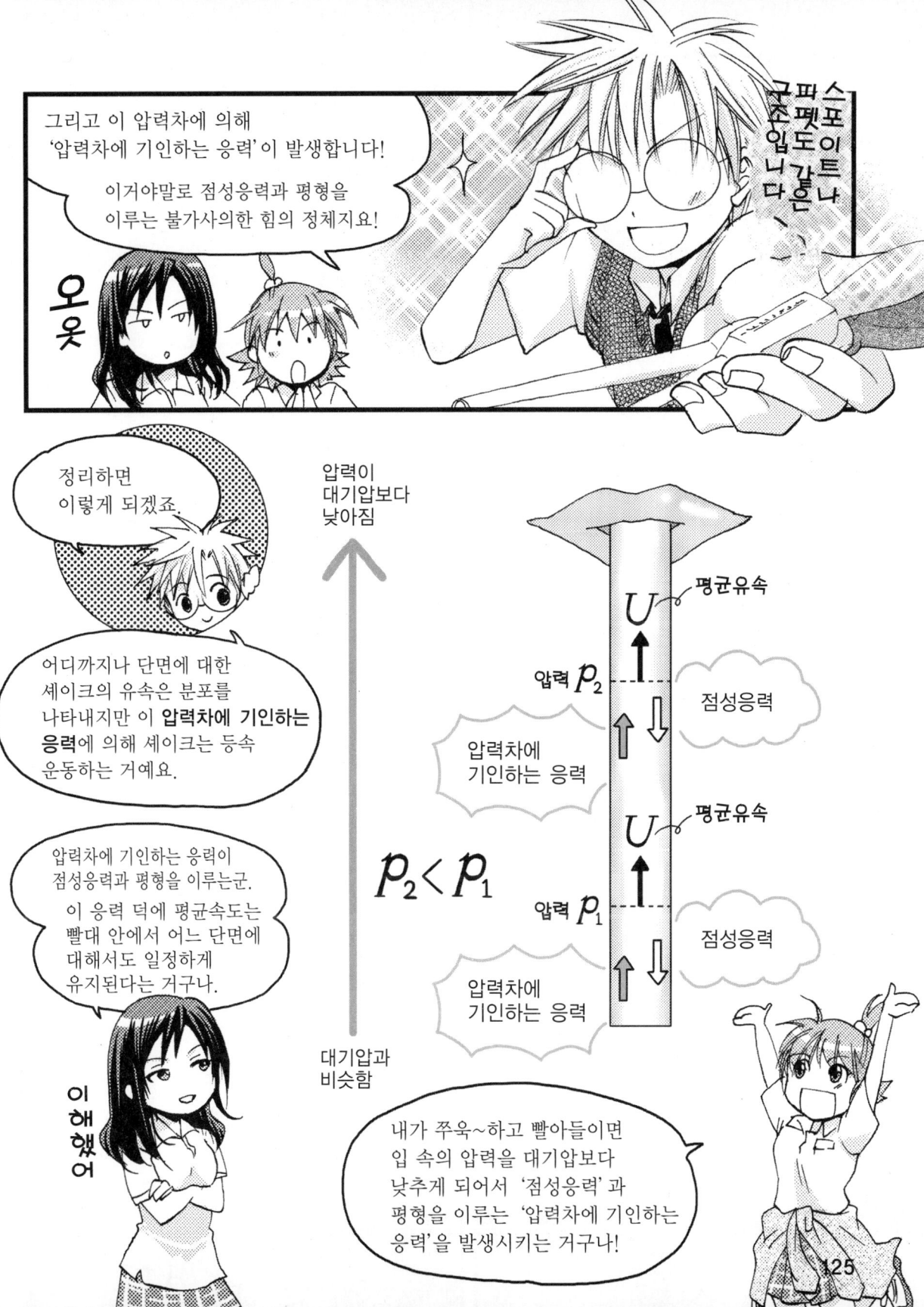

자, 1초 동안 입에 들어가는 셰이크의 양 $Q[m^3/s]$은 빨대의 반지름을 r_0으로 하는 식으로 나타낼 수 있어요!

딱 보면 어려워 보이지만 잘~ 봐주세요!

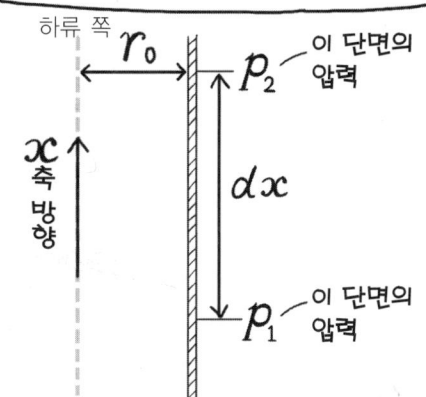

$$Q = \frac{\pi r_0^4}{8\mu}\left(\frac{dp}{dx}\right)$$

π는 원주율….3.14이고
r_0는 빨대의 반지름,
μ는 셰이크의 점도
dp/dx는 **압력기울기**

압력기울기는 x축 방향으로 아주 짧은 거리 dx만큼 갔을 때 압력이 얼만큼 변화했는지를 나타내는 양이야.

뭔가 이해되는 거 같아~

이 식에서 1초 동안 먹을 수 있는 셰이크의 양을 알 수 있구나~

굉장한데~

점도가 높은 유체는 점도 μ가 크기 때문에 유량 Q가 작아지죠. 점도가 높은 셰이크는 많이 마실 수 없다는 것을 이 식에서도 알 수 있어요.

다만 유감스럽게도…

이러한 셰이크를 마실 때의 유량의 관계는 **층류**일 때로 한정되는 거예요…

난류는 좀 더 복잡해지거든요…

제3장…층류와 난류 127

그럼 마지막으로 아까 얘기한 특징들과 λ를 정리해볼까요? 그러면…

됐습니다!!!!

관 속의 마찰손실을 나타내는 '달시 바이스바하의 식' 입니다!

$$\Delta E = \lambda \frac{l}{d} \frac{1}{2} \rho U^2 \ [Pa]$$

이 관 마찰손실을 뛰어넘는 에너지를 공급하지 않으면 유체는 움직이지 않게 되죠. 이번의 경우 그 에너지 공급이 미주의 입 속에 해당한다고 할 수 있어요.

와우! 이걸로 내가 빨대로 셰이크를 먹었을 때 관 마찰손실을 알 수 있는 거구나!

이 식은 관의 지름 d, 관 속의 평균 유속 U인 관 속의 흐름에 대해 길이 l를 지나는 동안에 점성(마찰)에 의해 잃게 되는 단위부피 당 에너지를 나타냅니다.
(단위 Pa에 대해서는 P.75 참조)

이걸로 내가 셰이크를 먹을 수 있으면 내가 이긴거네! 마찰손실 따위한테 지지 않는다구~

……

딩~동 댕

오늘도 열심히 했다~ 공부 재밌으니까 좋네~

앞으로 하루 정도만 있으면 기본이 전부 끝날 거 같아요.

킥킥...

좋아좋아~ 열심히 하자~

선배, 무슨 일이에요?

정연 선배?

내가 퇴임하게 돼서야 겨우

미주가 물리연구부원다워 졌다는 생각이 들어서 말야…

아냐…

심화학습

꼬불꼬불한 관의 압력손실

높은 음자리표 모양이나
하트 모양 등…

빨대도 꼬불꼬불한 것이 있듯이 모든 관이 직선인 것은 아닙니다.

관의 입구 근처나 구부러지는 부분, 또는 절단면이 갑자기 커지거나 갑자기 작아지는 부분에서는 '**압력손실**'이라는 **유체에너지의 손실**이 발생합니다.

이러한 관 마찰손실 이외의 압력손실 ΔP는

$$\Delta P = \zeta \frac{\rho U^2}{2}$$

로 나타낼 수 있습니다. 여기서 ρ는 유체의 밀도, U는 관 내부의 평균속도입니다.

여기서 ζ(제타)를 '**손실계수**'라고 하고 이것은 관의 모양에 관련된 상수입니다. 손실계수는 유체가 가진 운동 에너지 $\rho U^2 / 2$에 대한 비율을 나타냅니다.

그러면 여러 가지 관의 모양에 대해서 구체적으로 압력손실 ζ의 값에 대해 설명하겠습니다.

● 입구손실

넓은 공간에서 유체가 들어올 때, 관의 입구 주변의 유체는 관의 방향을 향해서 흐름의 방향을 바꿔야하기 때문에 입구 부분에서 에너지의 손실이 발생합니다.

입구손실은 입구 부분의 모양에 따라 크게 달라집니다.

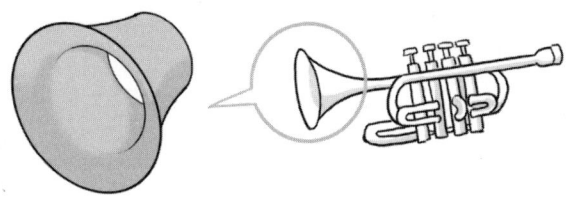

나팔 같은 모양을 한 **벨 마우스**는 이런 입구손실을 경감시켜줄 수 있습니다. 벨 마우스의 손실계수 ζ는 0.006 정도입니다.

● 급확대관

단면적이 급격히 넓어지는 급확대관은 흐름이 급격히 넓어지기 때문에 급확대부에서 소용돌이가 발생해 크게 손실이 발생합니다.

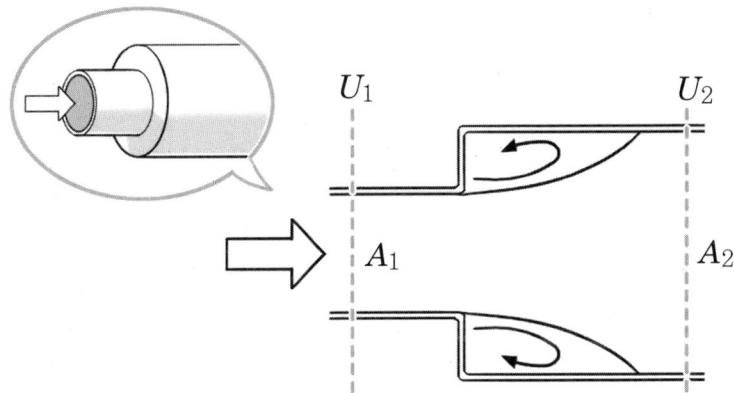

입구 부분의 단면적을 A_1, 속도를 U_1, 확대 부분의 단면적을 A_2, 확대 부분에서 충분히 떨어진 위치에서의 속도를 U_2라고 하면, 단면적의 변화에 따른 손실계수 ζ는

$$\zeta = \left(1 - \left(\frac{A_1}{A_2}\right)\right)^2$$

이 됩니다.

● 급축소관

단면적이 급격히 작아지는 급축소관에서는 흐름이 축류를 일으켜서 하류의 단면적 A_2보다 훨씬 관 단면적이 작아집니다.

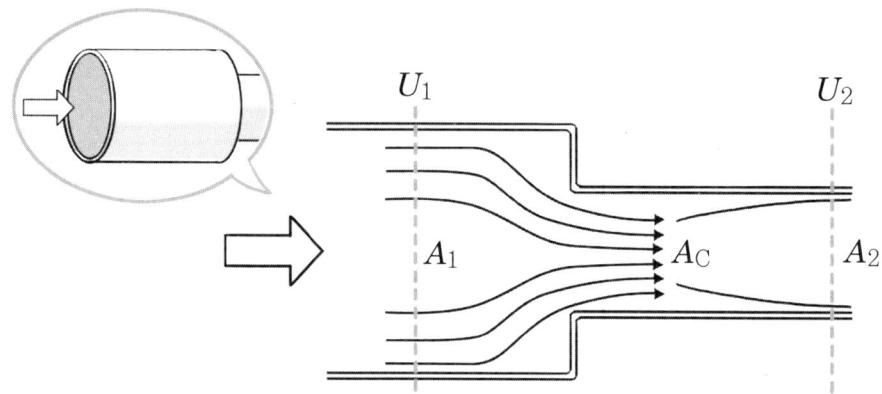

축류 부분의 단면적을 A_c라고 하고 축류계수를 $C_c = A_c/A_2$로 정의하면, 급축소관의 손실계수 ζ는

$$\zeta = \left(\left(\frac{1}{C_c}\right) - 1\right)^2$$

으로 나타낼 수 있습니다.

급축소관의 경우는 하류의 평균속도 U_2를 대표속도로 하는 것이 일반적입니다.

● 곡관

곡관은 곡률에 따라 벤드관과 엘보관으로 분류되며, 곡률 반지름이 큰 것을 **벤드관**이라고 부릅니다. 곡관의 안쪽 흐름은 반지름 방향으로 쏠리기 때문에 관 내부에 소용돌이가 발생합니다.

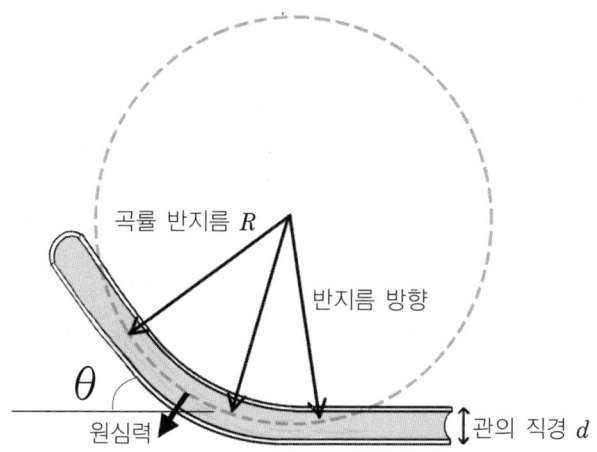

관의 직경을 d, 휘어진 각도를 $\theta(°)$, 곡률반지름을 R이라고 했을 때 벤드관의 손실계수 ζ는

$$\zeta = \left\{ 0.131 + 1.847 \left(\frac{d}{2R} \right)^{3.5} \right\} \frac{\theta}{90} \quad (0.5 < R/d < 2.5)$$

로 나타낼 수 있습니다.

목욕탕에 남은 물과 아라비아해의 석유?!

이번 장에서는 생활과 관련된 것을 예로 들었습니다.
셰이크나 빨대, 미주의 입 등을 예로 들었죠.

이것을 공업적인 예로 바꾸면, 셰이크는 석유(원유), 빨대는 파이프라인, 입은 펌프가 됩니다.

자, 여기서 질문 하나 할게요.
목욕탕에 남은 물을 세탁기로 보내는 펌프로는 아라비아해의 석유를 뽑아낼 수 없습니다.
왜 그럴까요?

점성 공부를 마친 지금이라면 바로 답이 생각날 것입니다.
석유는 점도가 크고 뉴턴의 점성법칙에 의해 점성응력이 커집니다.
결과적으로 관 마찰이 커져 펌프로는 석유를 뽑아 올릴 수 없게 되지요.

이런 식으로 실제로 사용되고 있는 펌프나 공업제품 등은 그 용도에 따라 유체의 점도를 고려해서 설계되어 있는 것입니다.

만화로 쉽게 배우는 유체역학

제4장
항력과 양력

1. 물체에 작용하는 항력과 양력

새나 비행기는 어떻게 하늘을 나는 걸까?
(양력)

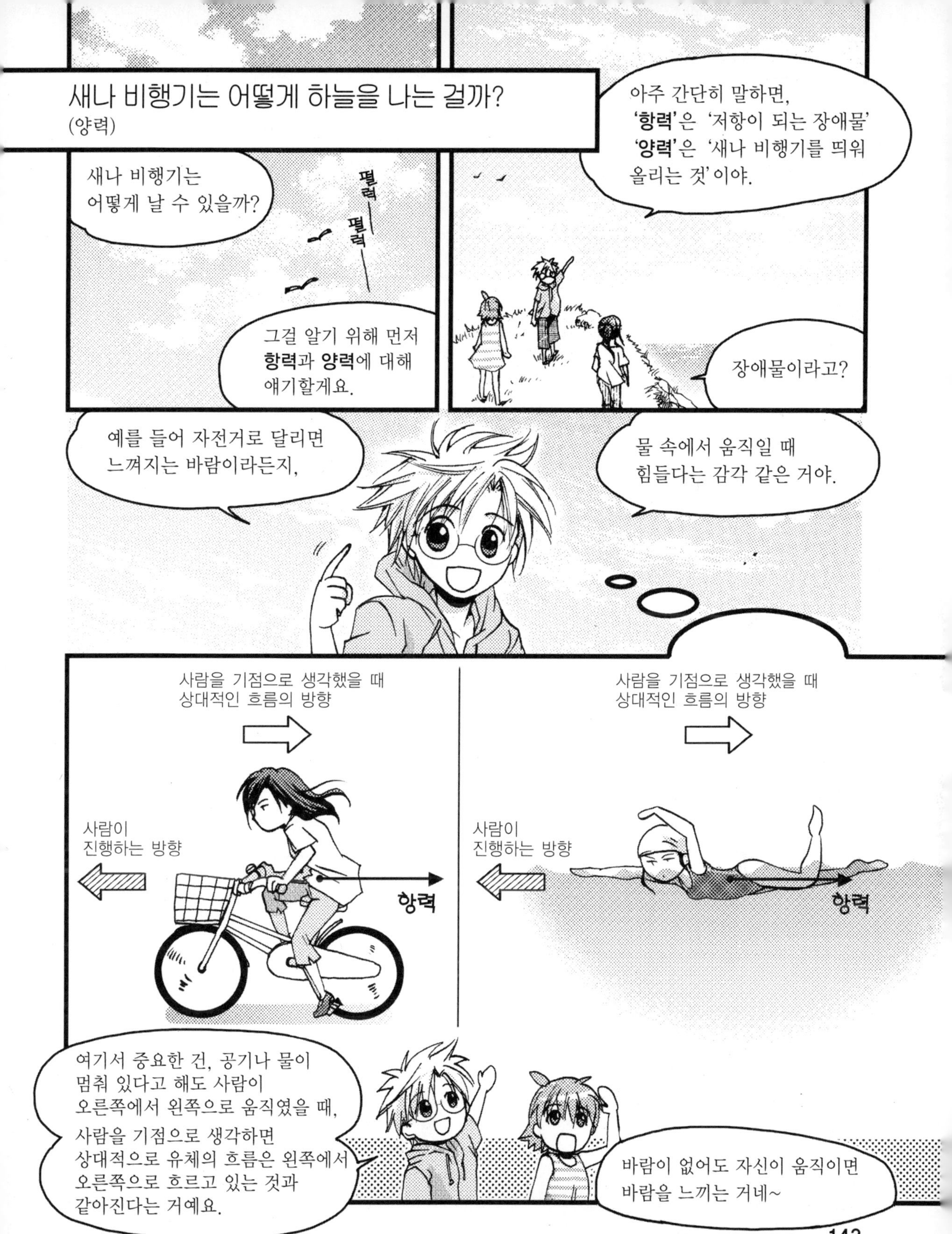

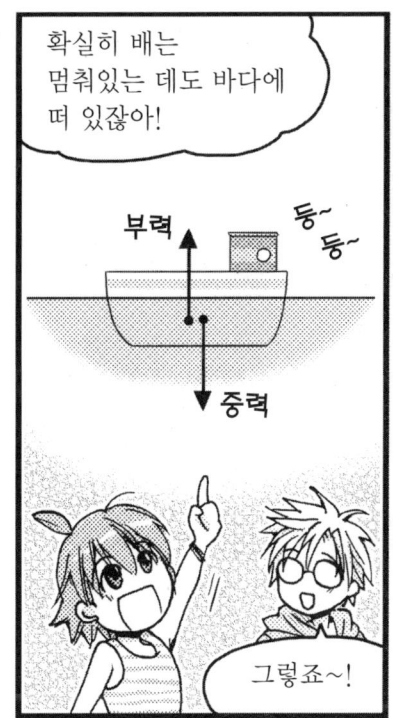
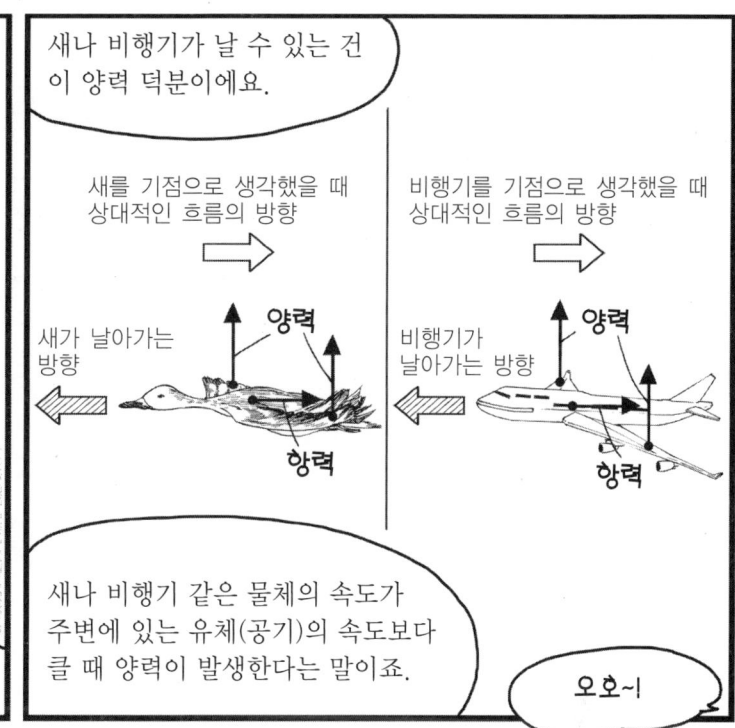

요트는 어떻게 바람을 탈까? (양력의 이용)

 양력을 더욱 깊게 이해하기 위해 "요트는 어떻게 바람을 타고 나아가는 거지?"라는 수수께끼에 대해서 생각해봐요.

 마침 저 요트도 지그재그로 바람을 타고 가고 있네.

 바람을 이용하는 요트가 바람을 타고 간다니…!
틀림없이 괴기현상일거야~!

 신기하긴 하죠~
결론부터 말하면 사실 요트도 **양력**을 이용한 거예요.

 엥? 그런가?
양력은 비행기나 새만의 것이 아니었구나…

 요트의 돛은 크게 휘어져 있어요.
비행기의 날개처럼 **곡률**※을 가지고 뻗어 있죠.
이 때문에 돛에는 양력이 작용하는 거예요.

※곡률이란 휘어진 정도를 나타내는 양입니다. 휘어진 정도가 클수록 곡률이 커집니다.

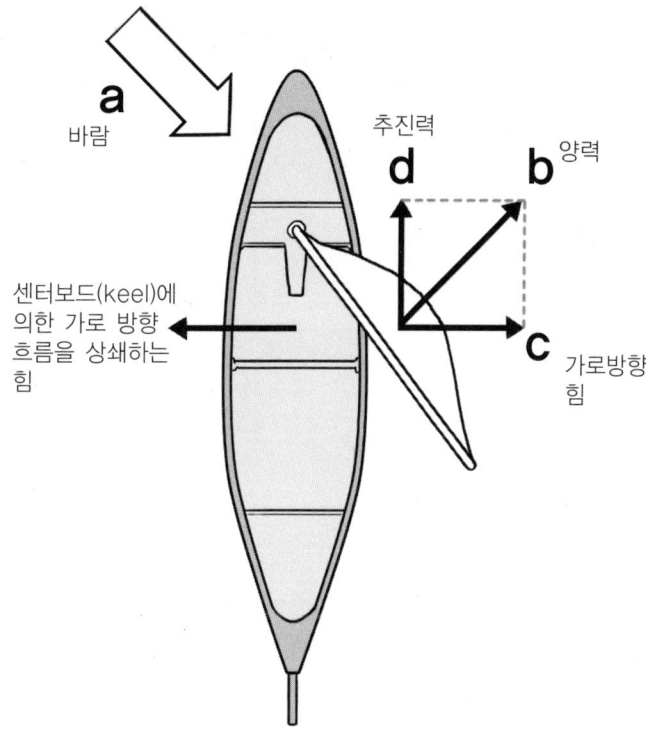

요트를 바로 위에서 본 모습

アクアミューズ 141 ヨットの 原理-推進力
http://www.aquamuse.jp/zukai/genri/suishin/index.html에서 인용, 일부 수정

 위 그림을 봐주세요. a방향에서 바람이 불면 그 a의 흐름에 대해서 직각인 방향으로 b의 양력이 발생합니다.

 아아 그렇군! 요트를 바로 위에서 보니까 방향이 직각인 게 잘 보인다.

 그 b의 양력은 요트가 앞으로 나아가려는 힘 d의 추진력과, c의 가로 방향으로 흐르려는 힘으로 나눠서 생각할 수 있어요.

 추진력은 중요하지만 가로 방향으로 흐르려는 힘은 필요 없어~!
요트가 가로로 가버리잖아…

제4장···항력과 양력 147

그 가로 방향으로 흐르려는 힘을 상쇄하는 것이 킬이라고 부르는 판이에요. 킬은 선체 중앙부의 아래 부분에 부착되어 물속에서 튀어나와 있어요.

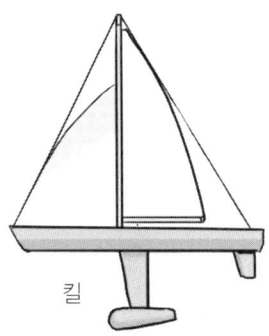

킬

이 킬로 c의 가로 방향으로 흐르려는 힘을 가능한 한 없애는 거랍니다.

 d의 추진력으로 나아간다는 거네.
이렇게 되면 분명히 바람을 타고 지그재그로 나아가겠지
"요트는 어떻게 바람을 타고 나아가는 걸까?"라는 수수께끼가 해결됐어.
우와~!

 양력을 잘 이용해서 나아간다는 건 알았어…
그런데 양력 발생의 의문은 깊어질 뿐이야.
돛의 곡률로 양력이 발생한다…? 이런 소린가?

 아이 참,~ 정연 선배는 의심이 많다니깐.

 네가 너무 간단히 납득하는 거거든.

 그러지들 마시고…
그러면 조금 더 자세하게 양력이 발생하는 이유를 생각해 보아요.

날개와 돛의 공통점은 무엇일까?
(유선곡률의 정리)

"양력은 어떻게 발생하는 걸까?" 그것을 해결할 정리가 **'유선곡률의 정리'** 예요.

이건 '날개 등의 휘어진 판에 유체가 흐를 때 양력이 발생한다.'라는 것을 설명한 중요한 정리예요.

호오…그건 잘 알아둬야지.

유선곡률의 포인트는 세 가지!
- 날개 등의 휘어진 판에 유체가 부딪치면 휘어진 판의 표면을 따라 휜다.
- 휘어진 유선(흐름)의 **안쪽**(날개의 표면 쪽)으로 갈수록 **압력이 낮아지고**, **바깥쪽**으로 갈수록 **압력이 높아진다**.
- 유속 U가 **클수록**, 또 날개의 곡률 반지름 R이 **작을수록** **압력 변화량은 커진다**…라는 거예요.

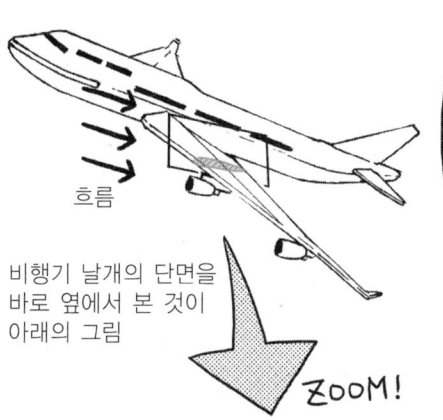

흐름

비행기 날개의 단면을 바로 옆에서 본 것이 아래의 그림

ZOOM!

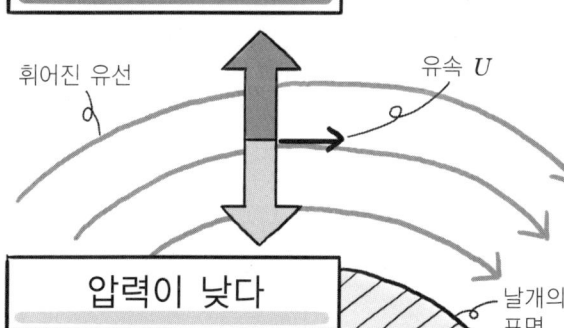

휘어진 유선

유속 U

압력이 높다

압력이 낮다

날개의 표면

날개의 단면

날개 주변을 흐르는 휘어진 유선에 대한 그림

지…지금부터 천천히 설명할게요.

우선 유선의 일부에 주목해주세요. 이 □ 부분입니다!

휘어진 유선
r축 방향
Δr
유속 U※
압력 p_2
압력 p_1
유체의 밀도 ρ
유선의 반경 r
날개의 단면

※속도는 유선에 접선 방향이다(P.58 참조).

그 직각 바깥 방향을 r축의 +방향으로 하고 미소거리를 Δr이라고 하자.

그리고 그 Δr의 압력 변화량을 $\Delta p = (p_2 - p_1)$, 유체의 밀도를 ρ라고 하면

유선곡률의 정리는 이렇게 식으로 나타낼 수 있습니다!

유속 U
유선의 반지름 r

$\dfrac{\Delta p}{\Delta r}$은 반지름 방향에 대해 압력의 변화량을 나타내는 **압력기울기**지

Δr[m]만큼 나아가면 압력이 Δp[Pa]만큼 변화한다는 거야.

$$\frac{\Delta p}{\Delta r} = \rho \frac{U^2}{r}$$

여기서 주의해야 할 점은 압력이 높거나 낮거나 하는 것은 **대기압을 기준**으로 생각했을 때라는 거예요.

대기압

날개 아랫면에서도 똑같이 생각할 수 있어요.

다시 말해서 **유선곡률의 법칙**은 이렇게 정리된다는 거죠.

날개는 휘어진 판을 사용해서 휘어진 유체를 만들고 있는 거네!

유선곡률의 정리

날개에 바람이 닿으면…
- 날개의 **윗면**에서는 휘어진 유선의 **안쪽**으로 갈수록 압력이 대기압보다 **낮아**진다.
- 날개의 **아랫면**에서는 휘어진 유선의 **바깥쪽**으로 갈수록 압력이 대기압보다 **높아**진다.
- 단, 날개에서 '상당히 위쪽'과 '상당히 아래쪽'은 **대기압**으로 압력이 같다.

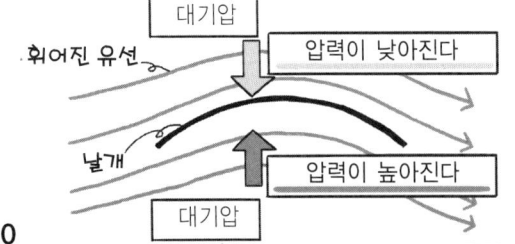

윗면의 압력<대기압
대기압<아랫면의 압력

↓ 따라서,

윗면의 압력<아랫면의 압력

날개 이외에도 휘어진 판의 구체적인 예로서…

아까 나온 요트에 대해서도 생각해 볼까요? (P.147 참조)

유체

대기압

휘어진 유선

저

고

요트를 바로 위에서본 그림→

휘어진 유선의 안쪽으로 갈수록 압력이 낮아진다.

대기압

휘어진 유선의 바깥쪽으로 갈수록 압력이 높아진다.

돛에 바람이 닿으면…

- 돛의 **윗면**에서는 휘어진 유선의 **안쪽**으로 갈수록 압력은 대기압보다 **낮**아진다.
- 돛의 **아랫면**에서는 휘어진 유선의 **바깥쪽**으로 갈수록 압력은 대기압보다 **높**아진다.
- 단, 돛의 '위쪽'과 '아래쪽'은 **대기압**으로 압력이 같다.

그렇다면 선배님! 이걸 정리해 주실래요?

으음…
윗면의 압력<대기압
대기압<아랫면의 압력…

따라서,
윗면의 압력<아랫면의 압력…이지

오오!

훌륭해요!
그럼 잘 기억을 더듬어 보세요. 캠프에서 두 개의 캔이 끌어당겨졌던 실험을 했죠?

아! 그 캔 실험 말이지!

분명 그건 압력이 높은 쪽에서 낮은 쪽으로 힘이 작용해서 2개의 캔이 빨아당겨졌어!

(P.79참조)

대기압
대기압
압력이 낮은 곳

맞아요.
아아…

그러니까, 이 양력도…윗면의 압력이 아랫면의 압력보다 낮다는 **압력차**에서 발생하는 힘인가?

돛을 바로 위에서 본 모습
으름
저
양력
고

딩동댕~

비행기의 날개도, 요트의 돛도 유선을 휘게 함으로써 **압력차**를 만들어 내서 '**양력**'을 발생시키고 있는 거예요.

비행기 날개의 단면을 바로 위에서 본 모습

으름
저
양력
고

과연… 그렇게 되도록 만든 모양이었구나…

놀라워~

…저기 미주는?

선배~ 상민~

빙수랑~ 카레랑~ 볶음우동도 있어~!

냄새 좋다~

저 녀석도 빨려 들어간 것 같다…

압력차 이외의 힘으로…

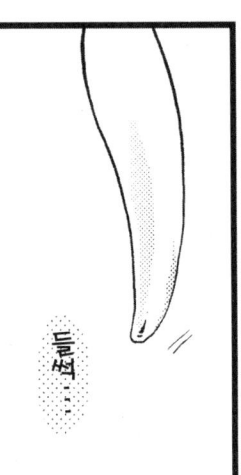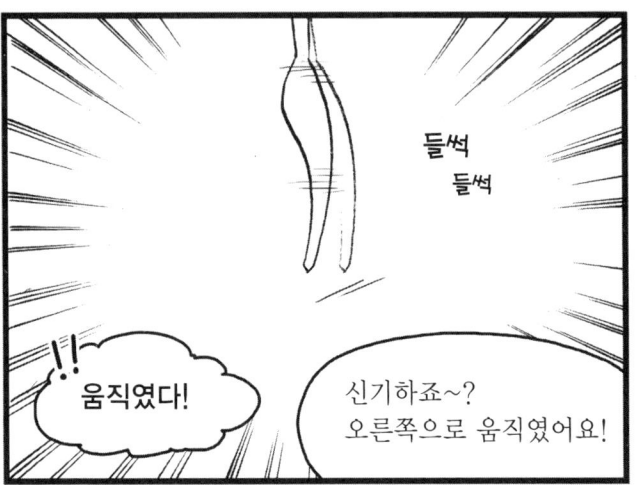

헤엄치다 지쳤어
(항력)

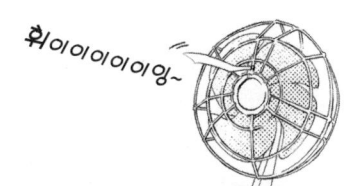

휘이이이이이잉~

수영하는 것도 지치고 말이지···
밥도 먹고 했으니까 좀 쉬자···
아하하

휴게실 같은 게 있었으면 쉬고 싶네요···
느긋···
그러게···

기억하고 있어. 바다에서 지쳐버리는 건 헤엄치는 방향과 반대로 '항력'이 작용해서, 그게 저항력이 되기 때문이라구~
그렇죠~

덧붙여서 유체역학에서는 '항력'이나 '양력' 등의 유체에 의해 생기는 힘의 총칭을 '유체력'이라고 불러요.

헤에~

그룹 탈퇴네···

유체력
양력
항력
마찰력

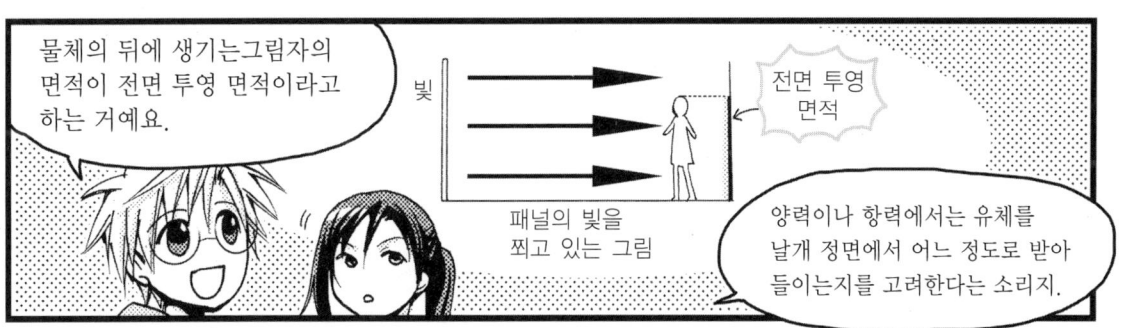

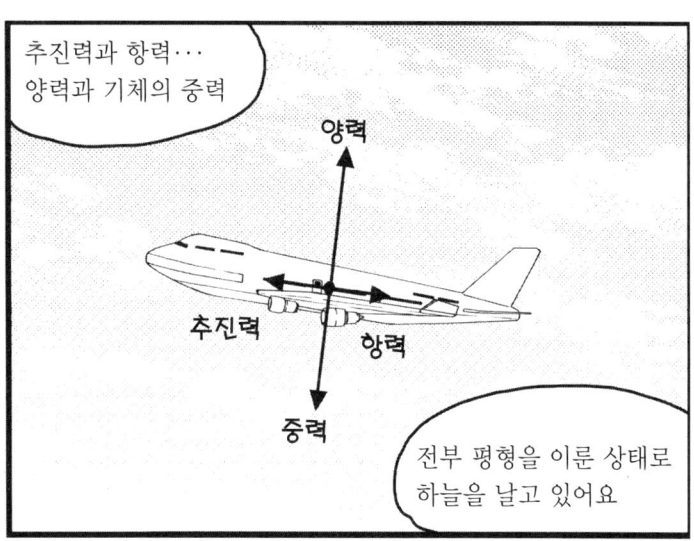

속도가 떨어진다!?(받음각, 박리)

여기서 조금 더 나아가서 항력계수와 양력계수에 대해 이야기할게요.
날개의 기울기라는 것은 아래 그림처럼 '유체에 대해서 어느 정도 날개가 기울어져 있는가'를 나타내는 각도로, **받음각**이라고도 합니다.

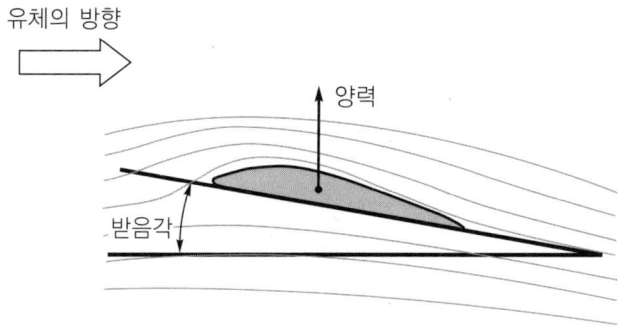

또, 아래의 그래프를 잘 봐주세요.
이것은 받음각과 항력계수, 양력계수를 나타낸 것입니다.

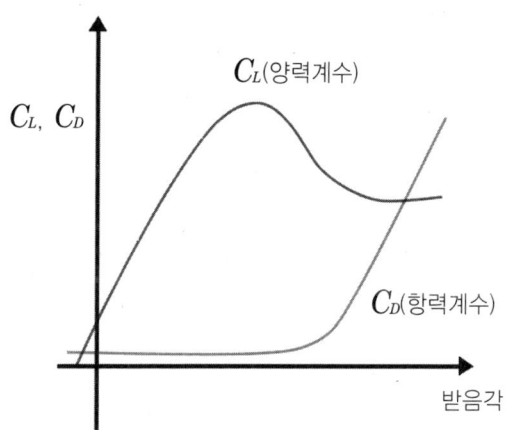

받음각, 항력계수, 양력계수의 그래프

음…? 날개가 기울어지면 기울어질수록 즉, 받음각이 커질수록 어느 정도까지는 양력이 올라가는데…

 어느 순간 갑자기 양력이 떨어지고 항력이 확 올라가서 역전돼 버리네…
무서워~ 도대체 어떻게 된 거야!

 그러면 이 때 무슨일이 일어나고 있는지를 설명해드리겠습니다!
받음각이 어느 정도일 때까지는 양력도 증가하죠.
바람이 날개 주변을 잘 흘러가고 있는 거예요.

 흠흠… 바람과 날개가 사이좋고 행복한 상태구나!

 그런데! 어떤 일정 수준 이상의 각도가 되면 바람은 날개 주변을 부드럽게 흘러가지 못하게 돼요.

날개 위에서는 바람의 '**박리**'라고하는, **유체가 떨어져버리는 현상**이 일어나요. 그리고 날개의 뒷부분에서 소용돌이가 발생하죠.

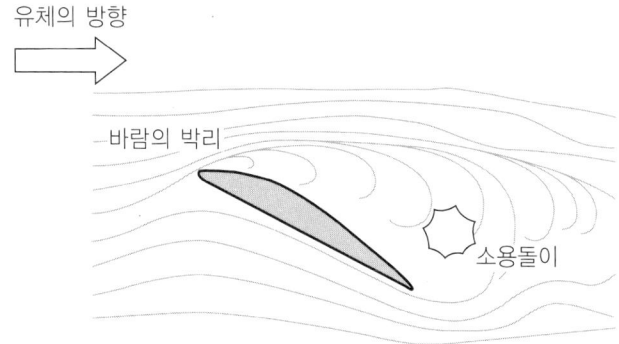

 헤엑! 소용돌이 같은 게 있으면 양력을 방해할 거 같은데…

 그렇구나. 그 상태가 그래프의 그 부분 즉, 양력이 감소하고 항력이 증가해서 속도가 떨어지는 부분이구나.
비행기가 하늘을 나는 데는 정말 여러 가지 고생을 하는거군.

2. 회전하는 물체에 작용하는 힘

투구 다이제스트
그 때, 공이 휘었다

우선은 상공에서 본 그림으로 정연 선배의 방향(투수)과 저의 방향(포수)을 확인해 주세요. 정연 선배 쪽에서 공이 오고 있죠.

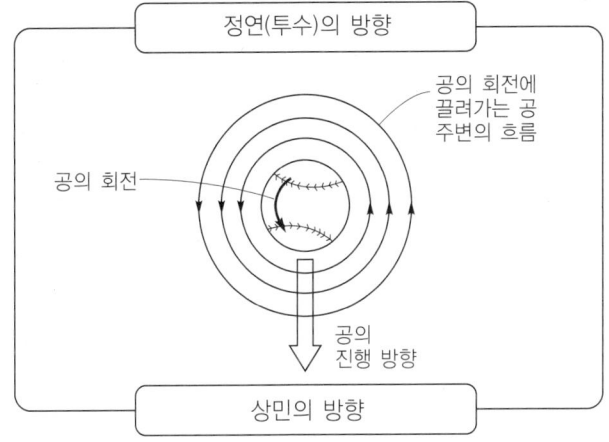

음음. 커브볼이니까 반시계 방향으로 회전하면서 날아가고 있네.

공의 회전에 휘말린 공 주변의 흐름도 반시계 방향이 되죠. 그와 동시에 공의 진행 방향으로는 공에서 보면 상대적으로 공을 향한 흐름이 있어요. 그 모습이 아래 그림입니다.

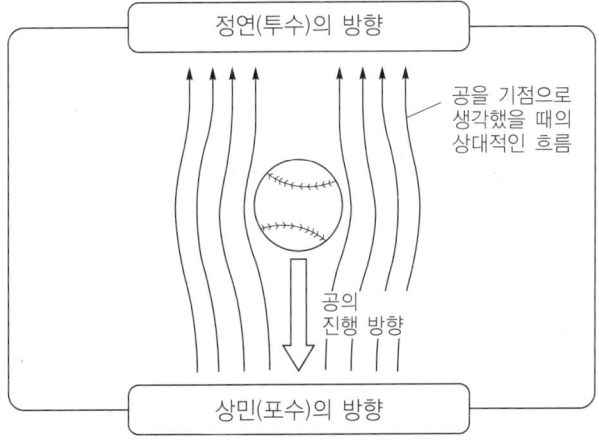

제4장···항력과 양력　167

그런가? 자전거의 예(P.143 참조)에서 배웠던 것처럼, 공을 기점으로 생각하면 바람은 타자에서 투수 쪽으로 불고 있다는 것과 같은 그림이네.

 그러면, 지금 설명한 두 개의 흐름을 조합해 볼게요.
과연 어떻게 될까요?

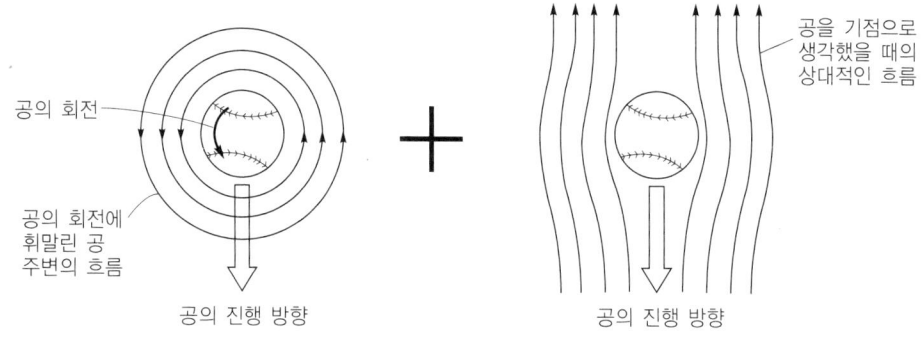

 …두근 두근,

 쨔안~ 두 개의 흐름을 조합한 것이 아래 그림이에요.
어떤가요? 뭔가 떠오르지 않나요?

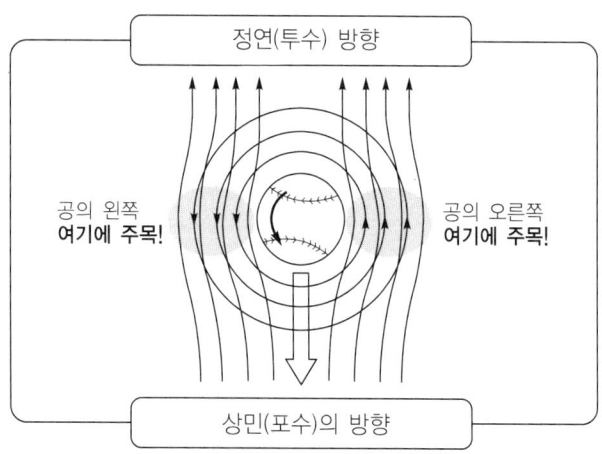

168   만화로 쉽게 배우는 유체역학

아…! 좌우 화살표가 다르네!

흠. 정리하면 이렇게 되는 거지.

> **POINT I**
>
> 공의 오른쪽에서는…
> 공을 기점으로 생각했을 때의 상대적인 공을 향한 흐름이 공의 회전에 끌려 들어온 공 주변의 흐름과 **같은 방향**이 됩니다.
>
> 공의 왼쪽에서는…
> 공을 기점으로 생각했을 때의 상대적인 공을 향한 흐름이 공의 회전에 끌려 들어온 공 주변의 흐름과 **반대 방향**이 됩니다.

그렇습니다! 따라서…
공의 오른쪽에서는 **흐름이 빨라**지고, 공의 왼쪽에서는 **흐름이 느려**집니다.

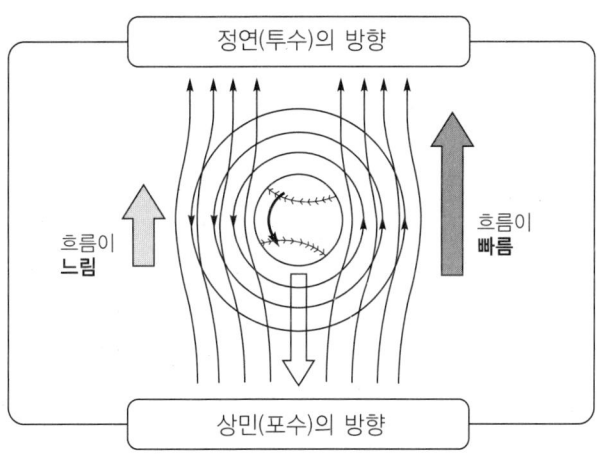

흠흠

자, 여기서 베르누이의 정리입니다.

> **POINT !**
>
> **베르누이의 정리**
> 위치에너지가 변화하지 않으면
> 유선을 따라서 흐름이 **빨라**지면 **압력이 작아지고**
> 유선을 따라서 흐름이 **느려**지면 **압력이 커집니다.**

즉, 공의 오른쪽에서는 압력이 **작아**지고, 공의 왼쪽에서는 압력이 **커집**니다.

 여기서도 압력차…!
그렇다면, 이건 **양력**인거네!

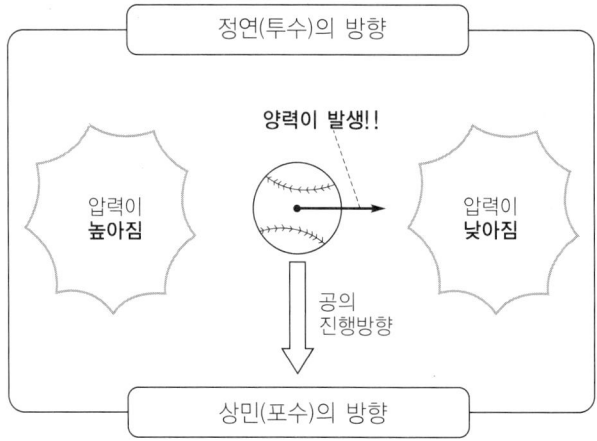

 정답! 이건 양력이 발생한 거예요.
압력이 높은 왼쪽에서 압력이 낮은 오른쪽으로 힘이 작용해서 그 힘에 의해 공이 밀려서 휘어지는 현상이 생긴 것입니다!

3. 흐름의 박리

반들반들하지 않고 울퉁불퉁해?(공기 저항의 감소)

 이제 드디어 마지막이에요!
"**골프공은 어째서 울퉁불퉁한 걸까?**"라는 수수께끼를 풀어보아요.

 네! 골프공을 맨발로 밟으면 지압이 돼서 기분 좋다구~
그러니까 그래서 울퉁불퉁한 거라고 생각해요!

 … 상민아 힌트 좀 부탁해.

 네. 이 울퉁불퉁함에는 재미있는 에피소드가 있어요.
과거 골프공은 그냥 고무나 플라스틱 덩어리로 표면이 반들반들했어요.
그런데 어느 날 아주 **새 공보다, 오래 돼서 상처나고 울퉁불퉁한 부분이 있는 공이 멀리까지 잘 날아간다**는 것을 깨달았어요. 그때부터 울퉁불퉁한 공을 사용하기 시작했다는 거예요. 이 울퉁불퉁한 부분을 '딤플'이라고 한답니다.

 헤에~ 그런 탄생비화가 있었구나.

 비거리가 늘어났다…라는 건 양력이 늘어나고 항력이 작아졌다는 건가?

 그렇습니다!
여기서는 **공기 저항의 감소**에 대해서 상세하게 설명할게요.

…응?
그래도 말야, 잘 생각해보면 뭔가 이상해…
보통 표면이 반질반질하고 예쁜 공이 공기 저항이 작을 거 같은데?

확실히 그러네. 나도 그렇게 생각해.

그렇게 생각하시죠? 그 부분이 조금 복잡해요.
그 딤플에 의해 공의 표면에는 **'작은 소용돌이'** 가 발생해요.

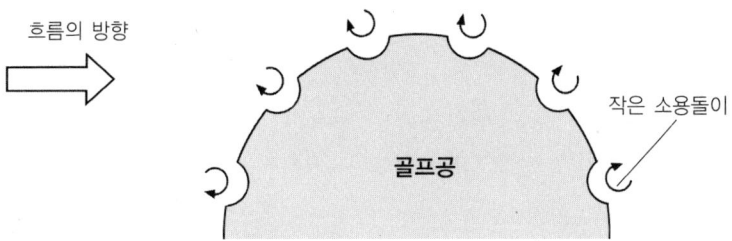

골프공 표면의 작은 소용돌이의 모습

작은 소용돌이!? 그럴 수가! 소용돌이 같은 게 생기면 공 표면의 공기의 흐름이 엉망진창이 돼버리지 않을까?

네. 그 작은 소용돌이에 의해 공의 표면의 흐름은 **'난류'** 가 되어요.
전에도 이야기했다시피 흐트러진 흐름이죠(P.114 참조).

모르겠어… 왜 일부러 난류를 만드는 거지?

후후후. 거기에는 깊~은 이유가 있어서 그래요.
이 골프공의 수수께끼를 풀기 위해서는 지금까지 유체역학에서 배운 지식이 필요해요. 지금이라면 분명 이 수수께끼를 풀 수 있을 거예요!
조금 오래 걸리겠지만 천천히 이야기해 나가도록 할게요.

제4장···항력과 양력 **173**

작은 세계에서의 무서운 사건(박리)

어떤 흐름에 놓여 있는 물체가 있다고 할게요.
그러면 물체에서 아주 가까운 부분에는 흐름이 느려지는 영역이 있어요.
이 영역은 항상 발생하고 있어서 '**경계층**'이라고 불려요.

게다가 그 경계층은 아주 얇아서 이를테면 골프공에 발생하는 경계면의 경우는 1mm 이하가 되죠.

헤에에! 꽤나 작은 세계의 이야기구나!

경계층의 흐름은 **점성**의 효과로 발생하는 거예요.
경계층의 안쪽과 경계층의 바깥쪽에서는 흐름의 성질이 크게 차이가 나거든요.

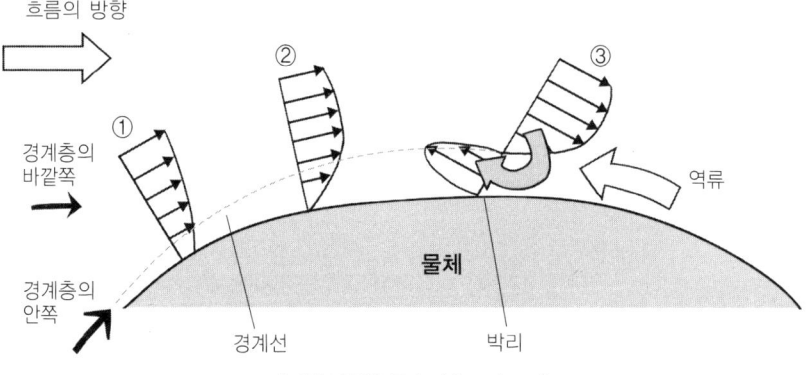

경계층 주변 유속 분포의 모습

정말이네. ①과 ②를 보면 경계층의 바깥쪽에서는 유속의 변화가 작고, 경계층의 안쪽에서는 유속의 변화가 급격해.

③을 보면 경계층 부분이 꼬여서 역류가 되어버렸어!

경계층의 안쪽에서는 속도기울기가 크기 때문에 유체의 운동에너지는 점성력에 의해 손실되어가는 거예요.

아아, 기억난다.
속도기울기가 크면 흐름을 방해하는 **점성력**이 커지는 거였지(P.99 참조).

그래요! 그 때문에 경계층의 안쪽의 유속이 점점 내려가죠.
유속이 내려가면, 그건 **경계층 안쪽의 압력이 증가**한다는 거예요.

유선을 따라서 유속이 느려지면 압력이 증가한다!
베르누이의 정리라는 거지!

한편, 경계층 바깥쪽의 흐름은 점성이 없는 이상유체에 가까워서 운동에너지의 손실이 작아 균일한 유속을 유지하고 있어요.

우와… 뭔가 싫은 예감이…

따라서 경계층은 하류로 가면서 물체의 형태를 따라 흐르는 것이 어려워지고 물체의 표면에서 떨어져나가서, 하류에 '**큰 박리 소용돌이**'를 형성해요. 이 상태를 유체가 **박리**된 상태라고 합니다.
이전의 그림 ③의 상태가 되는 거죠.

아! 저기말야, 박리라는 거 어디서 들은 적이 있어.
이전에 비행기 날개의 기울기에서 나왔잖아(P.162 참조).

 또, 박리는 한자로 '剝離'라고 써요. 벗겨진다(剝)는 거죠.

 유체가 벗겨진다는 건가? 그 박리가 일어나면 어떻게 되는 거야?

 후후후…큰일 나죠.
박리가 발생하면 저항이 급격히 증가하거든요.
비행기의 날개에서도 박리가 일어나면 양력이 떨어지고 항력이 증가해서 단숨에 속도가 떨어져버리겠죠…?

 무서워… 박리 싫어…
눈에 보이지 않는 작은 세계에서도 무서운 일이 일어나고 있구나…

 으음… 역으로 생각하면 양력을 증가시키고 항력을 감소시키기 위해서는 박리가 일어나지 않도록 하는 것이 관건이라는 거네.

 예리하시네요! 서서히 수수께끼의 진상이 밝혀지고 있어요.
그럼 다음으로 아래 그림을 봐주세요.
경계층이 박리하는 위치, 즉 **'박리점'** 은 경계층이 **층류인지 난류인지**에 따라 달라집니다.

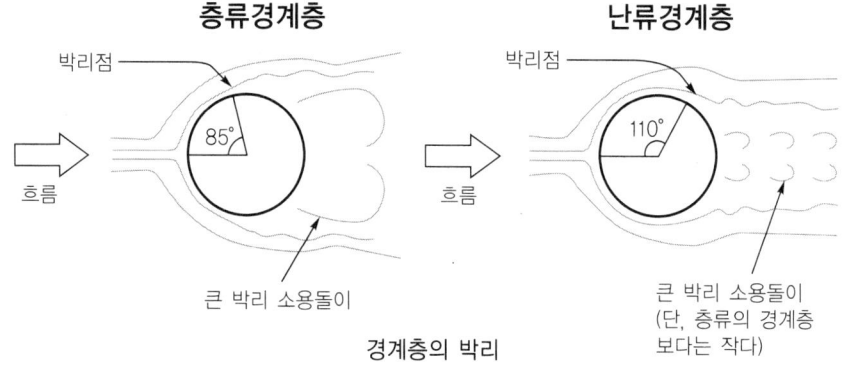

경계층의 박리

음음. 확실히 그렇구나!
층류보다 난류가 박리점이 뒤에… 그러니까 하류 쪽이네.

그래요.
경계층이 층류에서 난류가 되면 박리점까지의 각도가 커집니다.
그림을 보면 층류에서는 약 85°, 난류에서는 110°죠.

그럼, 여기서부터 박리된 하류에 생기는 '큰 박리 소용돌이'에 주목해 주세요. '큰 박리 소용돌이'가 생기면 **압력이 낮아지고** 그게 **저항**이 되는 거예요.

POINT I
물체 표면에서 유체가 벗겨진다.
↓
박리된 하류에는
'큰 박리 소용돌이'가 생겨서
압력이 낮아지고 '**저항**'이
된다.

그럼, 아까 그림을 한 번 더 봐주세요. 층류와 난류 어느 쪽이 하류의 '큰 박리 소용돌이'가 작은가요?

아! 층류일 때 생기는 '큰 박리 소용돌이'보다 난류일 때 생기는 '큰 박리 소용돌이'가 더 작아~!

그렇죠. 경계층이 **난류**가 되면 박리점이 하류로 이동하기 때문에 층류일 때에 비해서 물체 뒤쪽의 '커다란 박리 소용돌이'가 **작아집니다**.

'큰 박리 소용돌이'가 작으면 '저항'도 작아진다는 거구나.
즉, 난류가 더 좋다는 소리네.

제4장···항력과 양력

···어라?
난류는 분명히 골프공의 딤플에서···

 그렇죠!
자, 골프공을 떠올려 보세요.
골프공의 딤플은 공 표면 가까이의 흐름을 '난류'라는 흐트러진 흐름으로 바꿔주는 역할을 해요.

공 표면의 흐름이 '난류'가 되면 박리되는 위치가 공의 뒤쪽으로 이동해요.

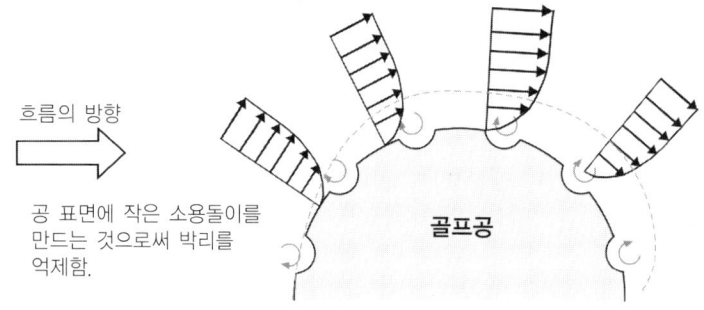

딤플이 박리를 막고 있는 모습

 아, 알 거 같아~!
그러니까 딤플이 공기가 공 뒤쪽으로 돌아서 들어가는 것을 도와줘서, 박리가 일어나는 것을 되도록 줄여준다는 거네!
박리가 일어나면 큰일이니까.

 그렇구나.
확실히 딤플이 있어서 공기 저항이 감소되는구나.

지금까지의 이야기를 정리하면…
"딤플은 일부러 작은 소용돌이를 만드는 것으로 경계면의 흐름을 난류로 바꾸어 그 **흐트러짐으로써 박리를 억제한다.**"는 말이죠.

공 주변의 '작은 소용돌이'를 만드는 것으로 결과적으로 공 뒤의 '큰 박리 소용돌이를' 작게 만들고 공기 저항을 감소시키고 있어…
조금은 복잡했지만 알고 보니 재미있는 이야기네.

응응! 맨 처음에는 '작은 소용돌이'를 만들어서 난류로 바꾸는 이유를 몰랐지만 이제 알겠어.
골프공의 울퉁불퉁한 부분에 이런 비밀이 숨겨져 있었다니…

이 수수께끼를 풀기 위해서 양력, 항력, 층류, 난류, 베르누이의 정리, 점성 등 여러 가지 개념을 복습했네요.

음. 마지막 수수께끼로 걸맞은 내용이었어.

배가 가라앉지 않는 것도, 비행기가
나는 것도 너무 당연하다고 생각해서
아무것도 몰랐고, 그 외에도
내 주변에 여러 가지 이유가
숨겨져 있다는 것도 몰랐어.

부력, 양력, 정말
마법 같은 힘이야.

공부했으니까
제대로 활용하고 싶어!

좀 더 빨리 알았으면 좋았을 걸,
공부할 때마다 생각했는걸~

참고문헌

―서적―

- 石綿良三 著
「圖解雜學 流體力學」ナツメ社(2007)

- 久保田浪之介 著
「トコトンやさしい流體力學の本」日間工業新聞社(2007)

- 小峯龍男 著
「よくわかる最新流體工學の基本」秀和システム(2006)

- 安達勝之·菅野一仁 共著
「總ときでわかる流體力學」オーム社(2005)

- 飯田明由·小用隆申·武居昌宏 共著
「基礎から學ぶ流體力學」オーム社(2007)

―웹사이트―

- 沖繩ダイビング
http://www.benthos.info/net_diving_school/program/skin/p09.htm

- 流體を知ろう!
http://www.robo-dispenser.com/compass/compass01.html

- 飛行の原理
http://www.ops.dti.ne.jp/~gotha/Aircraft/study1.html

찾아보기

숫자

1기압	17, 22
2기압	17

ㄱ

가속도	20, 36
검사영역	86
게이지압력	22
경계층 박리	176
경계층	174
고체	12, 13, 14
곡관	137
곡률	146
공기의 밀도	27
공기저항의 감소	172
관마찰계수	130
관성력	111
급축소관	136
급확대관	135
기체	14

ㄴ

난류 경계층	176
난류	95, 113, 114, 116, 173
뉴턴의 점성 법칙	106, 109

ㄷ

달시 바이스바하의 식	131
대기압	17
대표길이	112
대표속도	112
동압	156
동점도	110
Δ(델타)	33, 35
Δp	33, 35

ㄹ

라그랑주의 방법	56
레이놀즈수	111
레이놀즈의 실험	115

ㅁ

마그누스 효과	163, 171
마노미터	34, 37
마찰력	60
마찰손실	128
물체에 대한 운동량보존법칙	80
물체의 에너지보존법칙	71
밀도	25, 26, 55, 73

ㅂ

박리	162, 174
박리점	176
받음각	161
베르누이의 식	74
베르누이의 정리	71, 74, 164, 170
벡터량	21, 36
벤드관	137
부력	43, 144
부피	55
비일방향류	54
비정상류	52
비중	26

ㅅ

속도	36, 55
속도기울기	107, 175
손실계수	134
스칼라량	21

ㅇ

압력 p	19

압력	18
압력기울기	120
압력손실	116, 134
압력에너지	77
압력의 단위	22
압력차	33, 122
압력차에 기인하는 응력	125
액체	13, 14
양력	139, 143, 144, 146, 152, 170
양력계수	157, 161
에너지	75, 128
역적(충격량)	84
역학	15, 60
연속의 식	67, 69, 70, 118
오일러의 방법	56
오일러의 운동방정식	74
외력	60
운동량	82
운동량보존법칙	80
운동방정식	20, 23
유관	58
유량	55, 68, 126
유선	58, 164, 170
유선곡률의 정리	149, 150
유속 분포	117
유속	55, 118
유압기중기	30
유적선	58
유체	12, 13, 15
유체력	155
유체에 대한 운동량보존법칙	90
유체역학	60
유체의 에너지보존법칙	72, 164
유체의 운동량보존법칙	86
유체의 운동에너지	156
유체의 질량보존법칙	66, 67
이상유체	104, 118
일방향류	54
임계 레이놀즈수	115
입구손실	135

ㅈ

저항	177
전단력	63
전면 투영 면적	158
전압력	40, 41
절대압력	22
점도	110
점성	65, 98, 104
점성계수	110
점성력	65, 99, 199, 196, 111, 175
점성유체	104, 118
점성응력	109
정상류	52
정역학	11
중력	60
중력가속도	20
질량	55
질량보존법칙	66

ㅊ

층류 경계층	176
층류	95, 113, 114, 117

ㅍ

파스칼의 원리	29
평균속도	117, 119
평형식	23
포아즈이유의 식	121

ㅎ

항력	139, 143, 144, 155
항력계수	157, 161
확장된 베르누이의 식	129
흐름의 가시화	54
흐름의 기초식	49
힘	20
힘의 방정식	20

〈저자 약력〉

타케이 마사히로(武居 昌宏)
1995년 일본 와세다대학 대학원 이공학연구과 박사과정 수료.
      공학박사
현재   치바대학 대학원 공학연구과 교수

저서
「基礎から學ぶ流體力學」(共著, オーム社)
「熱流體工學の基礎」(共著, 朝倉書店)

- 제작   office sawa
  2006년 설립. 의료, PC, 교육계 실용서와 광고 다수 제작.
  일러스트와 만화를 활용한 매뉴얼, 참고서, 판촉물 전문.

- 시나리오   사와다 사와코(澤田 佐和子)

- 그림   마츠시타 마이(松下 マイ)

- DTP   office sawa

만화로 쉽게 배우는 시리즈

만화로 쉽게 배우는 **유체역학**

다케이 마사히로 지음
김영탁 번역
200쪽 / 18,000원

만화로 쉽게 배우는 **재료역학**

스에마스 히로시, 나가시마 토시오 지음
김순채 감역 / 김소라 번역
240쪽 / 18,000원

만화로 쉽게 배우는 **토질역학**

카노 요스케 지음
권유동 감역 / 김영진 번역
284쪽 / 16,000원

만화로 쉽게 배우는 **콘크리트**

이시다 테츠야 지음
박정식 감역 / 김소라 번역
190쪽 / 16,000원

만화로 쉽게 배우는 **측량학**

쿠리하라 노리히코, 사토 야스오 지음
임진근 감역 / 이종원 번역
188쪽 / 16,000원

만화로 쉽게 배우는 **전기수학**

다나카 켄이치 지음
이태원 감역 / 김소라 번역
268쪽 / 17,000원

만화로 쉽게 배우는 **전기**

소노다 마사루 지음
주홍렬 감역 / 홍회정 번역
224쪽 / 18,000원

만화로 쉽게 배우는 **전기회로**

이이다 요시카즈 지음
손진근 감역 / 양나경 번역
240쪽 / 18,000원

만화로 쉽게 배우는 **전자회로**

다나카 켄이치 지음
손진근 감역 / 이도희 번역
184쪽 / 17,000원

만화로 쉽게 배우는 **전자기학**

엔도 마사모리 지음
신익호 감역 / 김소라 번역
264쪽 / 18,000원

만화로 쉽게 배우는 **발전·송배전**

후지타 고로 지음
오철균 감역 / 신미성 번역
232쪽 / 17,000원

만화로 쉽게 배우는 **전기설비**

이가라시 히로카즈 지음
이상경 감역 / 고운채 번역
200쪽 / 17,000원

만화로 쉽게 배우는 **시퀀스 제어**

후지타키 카즈히로 지음
김원회 감역 / 이도희 번역
212쪽 / 17,000원

만화로 쉽게 배우는 **모터**

모리모토 마사유키 지음
신미성 번역
200쪽 / 18,000원

만화로 쉽게 배우는 **디지털 회로**

아마노 히데하루 지음
신미성 번역
224쪽 / 17,000원

만화로 쉽게 배우는 **전지**

후지타키 카즈히로, 사토 유이치 지음
김광호 감역 / 김필호 번역
200쪽 / 18,000원

※정가는 변동될 수 있습니다.

만화로 쉽게 배우는 유체역학
원제 : マンガでわかる流體力學

2011. 8. 1. 초 판 1쇄 발행
2013. 2. 5. 초 판 2쇄 발행
2014. 4. 17. 초 판 3쇄 발행
2015. 9. 10. 초 판 4쇄 발행
2017. 11. 24. 초 판 5쇄 발행
2019. 3. 27. 초 판 6쇄 발행
2021. 2. 1. 초 판 7쇄 발행
2024. 5. 1. 초 판 8쇄 발행

지은이 | 다케이 마사히로(武居昌宏)
그 림 | 마츠시타 마이(松下 マイ)
역 자 | 김영탁
제 작 | Office sawa

펴낸이 | 이종춘
펴낸곳 | BM ㈜도서출판 성안당

주소 | 04032 서울시 마포구 양화로 127 첨단빌딩 3층(출판기획 R&D 센터)
     | 10881 경기도 파주시 문발로 112 파주 출판 문화도시(제작 및 물류)
전화 | 02) 3142-0036
     | 031) 955-6300
팩스 | 031) 955-0510
등록 | 1973. 2. 1. 제406-2005-000046호
출판사 홈페이지 | www.cyber.co.kr
ISBN | 978-89-315-7540-8 (13530)
정가 | 18,000원

이 책을 만든 사람들
전산편집 | 김인환
표지 디자인 | 박원석
홍보 | 김계향, 유미나, 정단비, 김주승
국제부 | 이선민, 조혜란
마케팅 | 구본철, 차정욱, 오영일, 나진호, 강호묵
마케팅 지원 | 장상범
제작 | 김유석

이 책은 Ohmsha와 BM ㈜도서출판 성안당의 저작권 협약에 의해 공동 출판된 서적으로, BM ㈜도서출판 성안당 발행인의 서면 동의 없이는 이 책의 어느 부분도 재제본하거나 재생 시스템을 사용한 복제, 보관, 전기적·기계적 복사, DTP의 도움, 녹음 또는 향후 개발될 어떠한 복제 매체를 통해서도 전용할 수 없습니다.

■ 도서 A/S 안내

성안당에서 발행하는 모든 도서는 저자와 출판사, 그리고 독자가 함께 만들어 나갑니다.
좋은 책을 펴내기 위해 많은 노력을 기울이고 있습니다. 혹시라도 내용상의 오류나 오탈자 등이 발견되면 **"좋은 책은 나라의 보배"**로서 우리 모두가 함께 만들어 간다는 마음으로 연락주시기 바랍니다. 수정 보완하여 더 나은 책이 되도록 최선을 다하겠습니다.
성안당은 늘 독자 여러분들의 소중한 의견을 기다리고 있습니다. 좋은 의견을 보내주시는 분께는 성안당 쇼핑몰의 포인트(3,000포인트)를 적립해 드립니다.
잘못 만들어진 책이나 부록 등이 파손된 경우에는 교환해 드립니다.